# 综合授时技术

刘　强　陈西宏　刘　赞　任卫华　张　爽　著

科学出版社

北　京

# 内 容 简 介

授时技术是通过发播标准时间信号和时间信息使各时间用户获得标准时间,从而实现时间同步的技术,是实现分布式组网系统时间同步的基础,在民用、军用领域都有广泛的应用。本书从授时原理、误差、应用等方面展开论述,主要分析了卫星授时、激光授时与网络授时和对流层散射授时等授时手段,在此基础上,提出了融合授时,并从授时进攻和授时防御两方面研究了授时战,最后研究了授时系统故障、被干扰、打击等导致无法授时的情况下的时间预报问题,以及获得授时信号后的时间校准问题。

本书可供通信、雷达和时间同步研究领域的相关科研及教学人员参考,也可供相关专业的研究生阅读。

**图书在版编目(CIP)数据**

综合授时技术/刘强等著. —北京:科学出版社,2022.8
ISBN 978-7-03-071040-6

Ⅰ. ①综… Ⅱ. ①刘… Ⅲ. ①时间服务 Ⅳ. ①P127.1

中国版本图书馆 CIP 数据核字(2021)第 268799 号

责任编辑:杨 丹 / 责任校对:任苗苗
责任印制:张 伟 / 封面设计:迷底书装

科 学 出 版 社 出版
北京东黄城根北街 16 号
邮政编码:100717
http://www.sciencep.com

**北京画中画印刷有限公司** 印刷
科学出版社发行 各地新华书店经销
*

2022 年 8 月第 一 版 开本:720×1000 1/16
2023 年 9 月第二次印刷 印张:9
字数:180 000

**定价:98.00 元**
(如有印装质量问题,我社负责调换)

# 前　言

时间，科学技术中重要的基础物理量之一，在人类文明发展进程中发挥了重要的作用。人类从太阳东升西落、月亮阴晴圆缺、星辰周而复始等规律变化的自然现象中形成了时间概念，我国古代劳动人民根据季节转换规律总结出二十四节气来指导农业生产。关于计时方法和计时工具，从结绳记日计时、水（沙）漏计时、日晷计时、机械钟计时，到石英钟表计时、原子钟计时，计时精度不断提高，时间对人类生活的影响也日益加深，特别是在信息时代，金融、电力、通信、交通、网络等领域，无不需要精确的时间作为支撑，时间的作用和意义更为重要。

时间，不仅仅是单个用户的时间，更是整个系统的时间，这就需要时间同步，即系统中各时间用户之间保持时间上的同步，时间同步精度的高低直接决定着信息化水平的高低，也影响着人类生活水平。另外，时间也是信息化战争中重要的基础性要素，时间同步在军事领域的地位和作用更为凸显。信息化战争条件下，指挥控制、探测预警、火力拦截、跟踪制导和效能评估等作战环节一般是由不同的作战节点根据作战任务分布式组网构建网络来完成的，如指挥控制网、探测预警网、火力拦截网、跟踪制导网和效能评估网等，需要各作战网络之间以及各网络的各节点之间保持高精度的时间同步，时间同步精度的高低直接决定着作战效能水平的高低。

为了获得高精度的时间同步，授时技术应运而生。授时是发播标准时间信号和时间信息的过程，也是时间比对的过程，其目的是使各时间用户组成的系统实现时间同步。古代的晨钟暮鼓、打更等是传统授时方式。无线电磁领域的进步有效推动了授时方式的现代化，诞生了短波授时、长波授时、电话授时、电视授时、卫星授时、网络授时、微波授时等多种授时方式，促进了授时技术的发展。

本书首先分析和讨论了卫星授时、激光授时、网络授时等常用授时方式的原理、误差、应用和研究现状等，研究了基于对流层散射链路的时间比对、散射链路传输和对流层传播斜延迟等内容。其次针对单一授时手段存在的授时精度不高、授时抗风险能力较弱和授时鲁棒性较差等问题，提出了融合授时思想，分析了融合加权方法。最后研究了时间预报和时间校准问题，讨论了基于改进差分指数平滑法的中短期钟差预报算法、预报时长不确定条件下的钟差预报算法和组合钟差预报算法，并设计了基于 BBPLL 和 PI 锁相环的钟源校准方法。相关研究为分布式组网系统实现授时从而实现系统时间同步提供了理论基础和技术支持。

本书是空军工程大学防空反导学院陈西宏教授科研团队近年来研究成果的总

结和提炼，得到了国家自然科学基金青年科学基金项目——基于低仰角对流层散射双向时间比对的多基地雷达时间同步研究（61701525）、国家自然科学基金面上项目——基于 OQAM/OFDM 的大容量对流层散射通信技术研究（61671468）、中国博士后科学基金面上资助一等资助项目——对流层双向时间比对在组网雷达时间同步中的应用研究（2017M623351）等多项国家和军队科研项目的资助和支持。

　　本书第 1 章由陈西宏教授和张爽博士撰写，第 2、3、5、6 章由刘强副教授撰写，第 4 章由刘赞博士和任卫华讲师撰写，刘强副教授负责全书的统稿工作。刘继业博士、刘赞博士、李成龙博士、邹兵硕士、吴文溢硕士等参与了本书的撰写，并做了大量的算法验证工作，孙际哲副教授、薛伦生副教授、胡邓华副教授在对流层散射信道传输试验和对流层散射时间同步实验方面做了大量的工作，在此表示感谢！

　　撰写本书过程中参阅了大量相关文献和资料，向各位同行深表感谢！

　　由于作者水平有限，书中不足之处在所难免，恳请读者批评指正。

作　者

2022 年 3 月于西安

# 目　　录

# 第1章 绪 论

时间，是标注事件发生瞬间（即时刻）及持续历程（即时长）的基本物理量。随着人类文明的发展与进步，时间对于人类的意义日趋重要，特别是在当今所处的信息时代，金融、电力、通信、交通、网络等诸多领域，无一不需要精确的时间作为支撑，时间精度直接决定着信息化水平，也影响着人们的生活水平。

## 1.1 时 间 起 源

### 1.1.1 时间发展

著名诗人陶渊明在《杂诗》中写道，"盛年不重来，一日难再晨，及时当勉励，岁月不待人"，提醒世人应重视时间，珍惜当下，努力拼搏，奋发有为。时间在日、月、季、年的不断轮回变换中，周而复始。我国古代劳动人民从季节变换中，总结出了适合农作生产的二十四节气，也运用天干地支方法来进行计时。

从古至今，时间在我们的日常生活中发挥了重要作用，随着科技的进步与发展，时间的作用和地位也在日益凸显。时间是金融、电力、通信、交通、网络等领域正常运行的基础，更是数字化、信息化、智能化生活的基础，在军事领域显得尤为重要：几乎所有的信息化装备都需要高精度的时间源作为支撑，时间精度直接影响探测预警、电子对抗、精确制导、敌我识别和毁伤评估等精度。可以说，时间是我们日常工作、生活、农业、工业、国防等领域中的一个重要、基础的物理量。时间，关系国家主权，也事关国家安全。

那么时间是什么？从古至今，人们都在寻求时间的真谛。孔子在《论语》中写道："逝者如斯夫，不舍昼夜"；牛顿认为存在不依赖于物质与运动的绝对时间；莱布尼茨认为不存在绝对的时间和空间，时间和空间都是相对的；从相对论的角度，时间既是绝对的，又是相对的；霍金在《时间简史》中写道，宇宙大爆炸是时间的起点，而黑洞是时间的终结；等等[1]。

时间的发展，经历了原始时、天文时、电子时等过程。

原始时，是人们对于时间的最早的认识，是时间概念和计时方法形成的阶段[2]。从太阳的东升西落的规律中，得出了日的概念；从月亮的盈亏中，得出了月的概念；从不同的气候轮转中，得出了季、年的概念。这种日、月、季、年的粗略时间划分是古代劳动人民在日常劳作中总结并逐渐形成的计时规律，虽然精度不高，但对于指导日常农业劳作很有针对性。此外，我国古代劳动人民总结的二十四节气至今对农业生产都有指导作用。将一日继续细分是时间测量甚至是人类文明的一大进步，最早将一日分成二十四小时的是古埃及人，我国古代发明了十二时辰对一日进行计时。

天文时，是用天文学测量的方法和手段，根据天体的运行规律，利用地球的自转和公转规律，对时间进行计量而得出的时间，一般认为是从用太阳计时开始的。天文学中，将太阳两次经过观测地点子午线的时间间隔称为一个真太阳日，将其均分为 86400 份，得到 1s 的概念，这种方法得出了真太阳时。随着科技的进步，人们发现地球公转轨道的类椭圆性等导致真太阳时是不均匀的，在此基础上，通过改进得出了平太阳时：将全年的真太阳日平均得到平太阳日。平太阳时的稳定性在 $10^{-8}$ 量级，难以满足日新月异的科技对于时间精度的要求，迫使人们寻找更为精准的时间基准。1960 年，开始采用历书时来代替平太阳时。所谓历书时，是以地球公转运动为参考基准的时间系统，取地球公转过程中两次经过同一地点所需的时间间隔的 1/31556925.9747 为历书时的 1s，历书时稳定性在 $10^{-9}$ 量级，但观测误差较大，随后被原子时代替，标志着进入电子时时代[1, 3]。

电子时，也称为原子时，利用量子在不同能级之间跃迁过程中的高稳定性、高可靠性和复现性，实现对时间的计量。1967 年，在第十三届国际计量会议上定义了原子时秒长：位于海平面上的铯 $Cs^{133}$ 原子基态的两个超精细能级在零磁场中跃迁振荡 9192631770 周所持续的时间为一个原子时秒，这也是目前所采用的秒长的定义。秒是国际单位制七个基本物理量之一。国际原子时（international atomic time，TAI）是由全球 60 多个时间实验室合作产生的纸面时间，通过各时间实验室产生的时间标准加权计算后以文件形式发布。

除上述三个概念外，常用的时间概念还有以下几种。

世界时（universal time，UT），是指以平子夜为零时起算的格林尼治平太阳时，分为 UT0，UT1，UT2，三者之间的关系如式（1.1）所示。

$$\begin{cases} UT1=UT0+\Delta\lambda \\ UT2=UT1+\Delta T_S = UT0+\Delta\lambda+\Delta T_S \end{cases} \quad (1.1)$$

其中，UT0 为原始观测值，对应瞬时极地子午圈；$\Delta\lambda$ 为极移修正值；$\Delta T_S$ 为季节性变化值，与地球自转相关，该值较小，因此一般用 UT1 作为统一的时间系统。

协调世界时（coordinated universal time，UTC），是为了兼顾不同领域对于原子时和世界时的需要而建立的一种折中的时间系统，其一方面以国际原子时秒长为基础，另一方面采用闰秒/跳秒的方式使其尽量接近世界时。协调世界时是所有国家都采用的时间系统,不同时区的国家和地区的地方时与 UTC 相差若干整数小时。世界时、历书时和原子时之间对比如表 1.1 所示。

表 1.1 不同时间系统对比

| 时间系统 | 准确度 | 时间原理 | 备注 |
|---|---|---|---|
| 世界时 | $10^{-8}$ | 地球自转 | 欧式时间 |
| 历书时 | $10^{-9}$ | 地球公转 | 牛顿时间 |
| 原子时 | $10^{-15}$ | 原子跃迁 | 相对论时间 |

儒略日(Julian date,JD),公元前 4713 年 1 月 1 日 12 时 00 分起开始对每一天进行累加计数,其适合于进行科学计数。由于起点过于遥远,人们采用修正儒略日(modified Julian date,MJD)对儒略日进行了改进,MJD= JD-2400000.5。

年积日(day of year,DOY),将一年中的每一天累加而得出的某天在一年中的位置值。

北斗时(BeiDou time,BDT),北斗系统的时间基准,起始历元为 2006 年 1 月 1 日 0 时 0 分 0 秒,采用国际单位制(SI)秒进行连续计时,不闰秒(闰秒信息在导航电文中播报),其通过国家授时中心(National Time Service Center,NTSC)建立的 UTC(NTSC)与国际 UTC 建立联系,与国际 UTC 的差值小于 50ns(模 1s)[4]。

GPS 时(GPS time,GPST),GPS 系统的时间基准,其起始历元为 1986 年 1 月 6 日 0 时 0 分 0 秒,该时 TAI-UTC=19s,不闰秒,在任何时候整数秒与 TAI 相差 19s。

### 1.1.2 原子钟及其应用

原子钟又称为原子频标,是高精度时间同步的基础,各分布式组网系统、各时间实验室一般配置有高精度的原子钟作为时间基准;原子钟由量子跃迁理论发展而来,主要采用铯原子、铷原子和氢原子等实现。1955 年英国国家物理实验室的 Essen 和 Parry 研制成功了世界第一台铯钟,稳定度为一天 100ps,约为 $10^{-15}d^{-1}$。后来新型原子钟发展迅速,如原子喷泉钟[5-7]、光钟[8-10]、相干布居囚禁原子钟[11,12]和氢脉泽[13,14]等都取得了较大进展,新型铝离子光钟的频率不确定度达到 $8.6\times10^{-18}$ 量级[15],光学冷原子钟不确定度和稳定度也达到了 $10^{-18}$ 量级[16]。2017 年美国天体物理联合实验室进行了锶原子光晶格钟实验,实现了 $5\times10^{-19}$(1h)稳定度,锶原子光晶格钟稳定度和准确度超越了铯原子喷泉钟、离子阱囚禁光钟[17,18]。美国科学家利用量子纠缠现象设计了一款原子钟,运行 140 亿年时间精度保持在 0.1s 内。

我国于 2013 年年底在原子钟研究领域取得了突破性进展,中国科学院武汉物理与数学研究所构建的 $10^{-16}$ 量级星载铝离子光钟实验系统，实现了星载原子钟 $10^{-16}$ 稳定度水平。2016 年，该研究所实现了 $10^{-17}$ 量级的稳定度和不确定度[19]。2021 年梅刚华等研制了高/甚高精度星载铷原子钟，天稳分别达到了 $9.4\times10^{-15}/3.9\times10^{-15}$ [20]。另外，中国航天科工集团第二研究院 203 所研制的蓝宝石主动型氢原子频标 BM2101-03，天稳达到了 $3.0\times10^{-15}$，频率准确度达到了 $3.0\times10^{-13}$，体积小便于搬运，且具有互联网远程监控能力。相关成果对提升我国北斗卫星导航系统授时精度和自主运行能力具有重要意义，也对我国未来空间实验的开展、空间科研水平的提升有着深远的影响。时间领域的自主、精确、可控和安全是一个国家科技实力和军队信息化水平的直接体现。

原子从高能级跃迁到低能级或者从低能级跃迁到高能级要释放或者吸收能量，通过辐射或者吸收电磁波的形式实现，电波频率与原子能级间的关系为

$$f=\frac{E_m-E_n}{h} \tag{1.2}$$

其中，$f$ 为电波频率；$h$ 为普朗克常数；$E_m$ 和 $E_n$ 为原子跃迁对应的两个能级能量。原子能级是固定的，对应的能量也是不变的，由式（1.2）可得，对应的电波频率是固定的，原子钟就是根据原子跃迁时所对应的高确定性频率的机理研制的。下面重点分析实验室常用的铷钟和铯钟性能[21-23]。

1. 铷钟

$Rb^{87}$、$Rb^{85}$ 为铷原子的两种同位素，铷钟频率即为基态超精细能级 $F=2$、$m_F=0$ 和 $F=1$、$m_F=0$ 之间跃迁所对应的频率：

$$f=6834684211+574H^2(Hz) \tag{1.3}$$

其中，$H$ 为外加磁场强度。

铷钟由光谱灯、滤光泡、谐振腔和光检测器等部分组成，光谱灯中的金属在高频信号和恒温电路作用下，蒸发成 $Rb^{87}$ 蒸汽，并利用高频放电将其激发至高能激态，激态原子自发辐射产生恒定的电磁频率。铷钟具有体积小、质量轻、长期稳定度较差和适合作为工作频率标准（简称为频标）等特点。铷钟布局紧凑，体积一般小于 $1000cm^3$；频率稳定度为 $2\times10^{-12}\sim10\times10^{-12}(1000s)$；受缓冲气压和光强频移等因素影响，铷钟一般仅适合作为工作频标而不宜作为频率基准。随着科技的进步和发展，铷钟性能得到了大幅度提升，已经广泛应用于卫星星载钟源中，应用领域日趋广泛。

常用的 PRS10 型铷钟体积小（$391.4cm^3$）、质量轻（600g），外观和内部结构如图 1.1 所示。

（a）外观

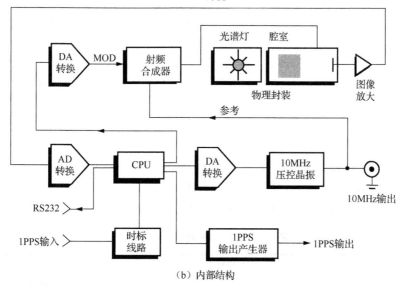

（b）内部结构

图 1.1　PRS10 型铷钟外观和内部结构图

该型号铷钟具有如下特点：输出频率短期稳定度可达 $2 \times 10^{-12}$（100 s）；通过自身的 1PPS 输入、输出端口可与外部频率源之间进行信息交换，从而实现二者之间的同步；通过 RS232 串口可与 PC 机进行数据和控制信号的交换。

2. 铯钟

铯钟（$Cs^{133}$）利用 $F = 4$、$m_F = 0$ 和 $F = 3$、$m_F = 0$ 之间的基态超精细能级跃迁原理制作而成，对应的跃迁频率为

$$f = 9192631770 + 427H^2 \text{(Hz)} \tag{1.4}$$

铯钟在高真空环境中工作，主要由铯炉、态选器、U 型微波谐振腔和原子检测器等部分组成。铯炉中的铯金属在加热到 100℃ 左右时熔化并通过炉口喷出形成铯束。铯钟的主要特点是准确度高和短期稳定性较差，为 $5 \times 10^{-12} \sim 12 \times 10^{-12}$（1s）

水平。真空环境下工作的铯钟的准确度高达 $10^{-15}$ 量级，时间实验室的铯钟一般用于频率基准。商业铯钟由于铯束管较短，准确度不及实验室铯钟，稳定度为 $10^{-13}$ 量级，工作寿命也较短，一般为 3~7 年。

### 3. 氢脉泽振荡器

氢脉泽振荡器是一种精细且昂贵的商用频标。氢脉泽所使用的氢原子振荡频率为 1420405752Hz。

氢脉泽振荡器一般有主动型和被动型两种，主动型是指晶体振荡器被锁相于氢原子的自然振荡；被动型是指将晶体振荡器产生的频率锁相于原子的振荡频率，主要应用于铷原子或铯原子振荡器。主动型振荡器的输出频率直接来自原子的振荡频率，因此它比被动型具有更好的短期稳定度。两种类型的氢脉泽振荡器的短期稳定度均好于铯原子振荡器。但是，氢激射振荡器的性能依赖于复杂的环境条件，其准确度差于铯原子振荡器。同时，由于氢脉泽振荡器结构复杂、生产量低，造价较为昂贵。

### 4. 原子钟应用

原子钟最重要的应用是作为全球导航卫星系统（global navigation satellite system，GNSS）的星载和地面时间源，美国 GPS 卫星星载原子钟情况如表 1.2 所示[24, 25]，GPS 星载铷钟在轨性能如表 1.3 所示[26]。

表 1.2　GPS 卫星星载原子钟情况

| 星钟类型 | 卫星编号 | 运行时间 |
|---|---|---|
| BLOCK ⅡA Rb | 4 | 1993.10~2015.11 |
| BLOCK ⅡR Rb | 2 | 2004.11 至今 |
| | 11 | 1999.10 至今 |
| | 13 | 1997.07 至今 |
| | 14 | 2000.11 至今 |
| | 16 | 2003.01 至今 |
| | 18 | 2001.01 至今 |
| | 19 | 2004.03 至今 |
| | 20 | 2000.05 至今 |
| | 21 | 2003.03 至今 |
| | 22 | 2003.12 至今 |
| | 23 | 2004.06 至今 |
| | 28 | 2000.07 至今 |

续表

| 星钟类型 | 卫星编号 | 运行时间 |
|---|---|---|
| BLOCK ⅡR-M Rb | 5 | 2009.08 至今 |
| | 7 | 2008.03 至今 |
| | 12 | 2006.11 至今 |
| | 15 | 2007.10 至今 |
| | 17 | 2005.09 至今 |
| | 29 | 2007.12 至今 |
| | 31 | 2006.09 至今 |
| BLOCK ⅡF Cs | 8 | 1997.11~2014.10 为ⅡA Cs |
| | | 2015.07 至今 |
| | 24 | 2012.10 至今 |
| BLOCK ⅡF Rb | 1 | 2011.07 至今 |
| | 3 | 2014.10 至今 |
| | 6 | 2014.05 至今 |
| | 9 | 2014.08 至今 |
| | 10 | 1996.07~2015.07 为ⅡA Cs |
| | | 2015.03 至今 |
| | 25 | 2010.05 至今 |
| | 26 | 1992.07~2015.06 为ⅡA Rb |
| | | 2015.03 至今 |
| | 27 | 2013.05 至今 |
| | 30 | 2014.02 至今 |
| | 32 | 1990.11~2016.01 为ⅡA Rb |
| | | 2016.02 至今 |

表 1.3　GPS 星载铷钟在轨性能

| 卫星类型 | 相对频率偏差（$10^{-12}$） | 日频率漂移（$10^{-15}$） | 频率稳定度（天稳,哈达马标准差 $10^{-14}$) |
|---|---|---|---|
| BLOCK ⅡA | 5.442 | 7.262 | 3.882 |
| BLOCK ⅡR | 2.832 | 2.938 | 2.115 |
| BLOCK ⅡR-M | 2.531 | 3.587 | 1.504 |
| BLOCK ⅡF | 2.095 | 2.371 | 0.467 |

GPS 系统在轨 32 颗卫星,除 04 号卫星处于维护状态外,其他 31 颗卫星工作正常,早期发射的 BLOCK ⅡA 钟已经被 BLOCK ⅡF 钟代替。最早发射的卫星装

配的 BLOCK ⅡA 型钟稳定性较差，为 $10^{-13}d^{-1}$，BLOCK ⅡR Rb 钟稳定性有所提升，达 $2×10^{-14}d^{-1}$，BLOCK ⅡR-M Rb 钟和 BLOCK ⅡF 钟达 $1×10^{-14}/d$，具有较好的稳定性。第三代 GPS 正在研发，其搭载 BLOCK ⅢA 钟具有更高的稳定性、抗干扰性和发射功率。

我国北斗导航卫星系统经历了三代发展历程，其发射情况如表 1.4 所示[4]。2020 年 7 月 31 日，北斗三号（BD3）卫星导航系统正式开通运行，包括开放服务和授权服务两种服务工作模式，其中开放服务为全球用户提供服务，授时精度优于 20ns，定位精度优于 10m，测速精度优于 0.2m/s，为亚太地区用户提供服务时，授时精度优于 10ns，定位精度优于 5m，测速精度优于 0.1m/s[4]。北斗三号提供基本导航定位授时、短报文通信、星基增强、国际搜救和精密单点定位（precise point positioning，PPP）等服务，其正式开通运行，标志着我国北斗卫星三步走建设计划的第三步提前完成。从 1994 年启动北斗一号建设，到 2004 年启动北斗二号建设，再到 2009 年北斗三号正式开始建设，2020 年 6 月 23 日最后一颗全球组网卫星点火升空，经过近 30 年的艰苦卓绝的努力和奋斗，我国北斗卫星导航系统正式建成，在建设中，始终坚持自主、开放、兼容、渐进的发展原则，深刻诠释了自主创新、开放融合、万众一心、追求卓越的北斗精神。北斗三号的运行，将在我国通信、交通、金融、电力、农业、救援、警务、工业和智慧城市等领域发挥不可替代的作用，同时对我国国防安全、国家安全等领域意义重大。

表 1.4　北斗导航卫星发射情况表

| 卫星 | 发射时间 | 卫星运行类型 | 状态 |
| --- | --- | --- | --- |
| T1 | 2000.10.31 | GEO | 退役 |
| T2 | 2000.12.21 | GEO | 退役 |
| T3 | 2003.5.25 | GEO | 退役 |
| T4 | 2007.2.3 | GEO | 退役 |
| C1 | 2007.4.14 | MEO | 退役 |
| C2 | 2009.4.15 | GEO | 退役 |
| C3 | 2010.1.17 | GEO | 正常 |
| C4 | 2010.6.2 | GEO | 在轨维护 |
| C5 | 2010.8.1 | IGSO | 正常 |
| C6 | 2010.11.1 | GEO | 正常 |
| C7 | 2010.12.18 | IGSO | 正常 |
| C8 | 2011.4.10 | IGSO | 正常 |
| C9 | 2011.7.27 | IGSO | 正常 |

续表

| 卫星 | 发射时间 | 卫星运行类型 | 状态 |
| --- | --- | --- | --- |
| C10 | 2011.12.2 | IGSO | 正常 |
| C11 | 2012.2.25 | GEO | 正常 |
| C12、C13 | 2012.4.30 | MEO | 正常 |
| C14 | 2012.9.19 | MEO | 退役 |
| C15 | 2012.9.19 | MEO | 正常 |
| C16 | 2012.10.25 | GEO | 正常 |
| C17 | 2015.3.30 | IGSO | 在轨试验 |
| C18、C19 | 2015.7.25 | MEO | 在轨试验 |
| C20 | 2015.9.30 | IGSO | 在轨试验 |
| C21 | 2016.2.1 | MEO | 在轨试验 |
| C22 | 2016.3.30 | IGSO | 正常 |
| C23 | 2016.6.12 | GEO | 正常 |
| C24、C25 | 2017.11.5 | MEO | 正常 |
| C26、C27 | 2018.1.12 | MEO | 正常 |
| C28、C29 | 2018.2.11 | MEO | 正常 |
| C30、C31 | 2018.3.30 | MEO | 正常 |
| C32 | 2018.7.10 | IGSO | 正常 |
| C33、C34 | 2018.7.29 | MEO | 正常 |
| C35、C36 | 2018.8.25 | MEO | 正常 |
| C37、C38 | 2018.9.19 | MEO | 正常 |
| C39、C40 | 2018.10.15 | MEO | 正常 |
| C41 | 2018.11.1 | GEO | 在轨测试 |
| C42、C43 | 2018.11.19 | MEO | 正常 |
| C44 | 2019.4.20 | IGSO | 正常 |
| C45 | 2019.5.17 | GEO | 在轨测试 |
| C46 | 2019.6.25 | IGSO | 正常 |
| C47、C48 | 2019.9.23 | MEO | 在轨测试 |
| C49 | 2019.11.5 | IGSO | 在轨测试 |
| C50、C51 | 2019.11.23 | MEO | 在轨测试 |
| C52、C53 | 2019.12.16 | MEO | 在轨测试 |
| C54 | 2020.3.9 | GEO | 在轨测试 |
| C55 | 2020.6.23 | GEO | 在轨测试 |

表 1.4 中，T 表示北斗导航试验卫星，C$x$ 表示第 $x$ 颗北斗导航卫星，GEO（geostationary earth orbit）表示地球静止轨道，MEO（medium earth orbit）表示中圆地球轨道，IGSO（inclined geosynchronous orbit）表示倾斜地球同步轨道。由表 1.4 可知，北斗三号卫星导航系统由 24 颗 MEO 卫星、3 颗 GEO 卫星和 3 颗 IGSO 卫星共 30 颗卫星组成。2020 年 6 月 23 日最后一颗全球组网卫星发射成功，标志着 BD3 卫星导航系统顺利建成，之后，第 55 颗卫星完成在轨测试、入网评估等工作，使用测距编号 61 提供定位导航授时（positioning navigation timing，PNT）服务。北斗系统始终秉承"中国的北斗、世界的北斗"的发展理念，为经济社会发展提供重要时空信息保障，是中国实施改革开放以来取得的重要成就之一，是中国贡献给世界的全球性公共资源。

原子钟在确保卫星高精度运行、构建卫星时间体系方面发挥了基础性和支撑性作用。我国在铷钟研制方面打破了国外的技术垄断，取得了长足的进展，发展水平与世界先进水平相当，并且在北斗卫星导航系统（BeiDou satellite navigation system，BDS）中取得了较好的时间效能。但高性能铯、氢钟长期被国外垄断，急需进一步发展。

原子钟的应用日益多元化、商业化、小型化，原子钟不再是高端的"高冷"仪器设备，如芯片原子钟的快速发展及应用，并与 5G、人工智能等深度融合，正在改变着人们的生活。

另外，除了原子钟可作为高精度的时间基准外，近年来发现脉冲星也可作为高精度时间基准。脉冲星是一类极端致密、高速自转的中子星，质量约为 1.4 个太阳质量，星体半径为 10～20km，因而其星体密度极高（$10^{14}$ g / cm$^3$ 量级），磁场场强极高，自转频率稳定度极高，部分毫秒脉冲星自转周期长期稳定性甚至高于原子钟，其自转周期为 $1.4 \times 10^{-3}$ ～ 8.5s，可分为射电脉冲星、X 射线脉冲星和 γ 射线脉冲星等[27, 28]。

基于脉冲星自转频率的高稳定度特性，构建脉冲星时，其具有以下显著的特点：

（1）独立性和自主性。脉冲星时是一种新的时间体系，其建立不依赖于地球，具有高度的独立性和自主性，可作为独立的时间基准对现有的原子时进行校核。

（2）抗干扰性和高精度性。不同于原子钟的工作原理，以脉冲中子星的运动规律建立的时间体系，难以进行干扰，且因其高稳定的自转频率，其时间精度也非常高。

（3）可持续性和全宇宙性。脉冲星可持续工作数百万年甚至数十亿年，远优于原子钟的工作寿命，且能在全宇宙进行观测，这对于解决 GNSS 作用范围有限的问题和拓展人类外太空开发利用范围有着重要的现实意义。

进行脉冲星授时时，如果已知航天器精确位置及其运动状态，则可对同一颗脉冲星进行观测来获得脉冲星时；如果未知航天器位置和状态，则可同时观测四颗脉冲星来求解位置矢量和脉冲星时[29]。

5. 星历

星载原子钟主要为卫星提供时间基准并与地面时间系统进行时间比对，从而实现星地时间同步的目的，这就涉及卫星星历。国际导航卫星系统服务（International Global Navigation Satellite System Service，IGS）组织提供了轨道及各类钟差产品，相关产品性能如表 1.5 所示（http://www.igs.org/products/data）。

表 1.5　IGS 轨道及钟差产品性能对照表

| 类别 | | 精度（RMS/SDev） | 时延 | 更新频率（UTC） | 采样频率 |
|---|---|---|---|---|---|
| 广播星历 | 轨道 | 约 100 cm | 实时 | — | 每天 |
| | 卫星钟差 | 约 5 ns/约 2.5 ns | | | |
| IGS 超快星历（半预报） | 轨道 | 约 5 cm | 实时 | 03:00, 09:00, 15:00, 21:00 | 15 min |
| | 卫星钟差 | 约 3 ns/约 1.5 ns | | | |
| IGS 超快星历（半观测） | 轨道 | 约 3 cm | 3～9 h | 03:00, 09:00, 15:00, 21:00 | 15 min |
| | 卫星钟差 | 约 150 ps/约 50 ps | | | |
| IGS 快速星历 | 轨道 | 约 2.5 cm | 17～41 h | 17:00 | 15 min |
| | 卫星及测站钟差 | 约 75 ps/约 25 ps | | | 5 min |
| IGS 最终星历 | 轨道 | 约 2.5 cm | 12～18 d | 每周四 | 15 min |
| | 卫星及测站钟差 | 约 75 ps/约 20 ps | | | 卫星 30s 测站 5 min |

注：RMS 为均方根，SDev 为标准差。

表 1.5 中，所有的钟差精度均是相对于 IGS 时间尺度的，且忽略了设备延迟，该延迟需在测试之前进行校准。标准差是为每个星钟和地面钟去除了一个单独偏差计算得到的，而均方根计算时没有去除。IGS 星历包括以下几种类型。

1）IGS 最终星历

IGS 最终星历（IGS final products，IGF）精度最高且与其他 IGS 产品具有内部一致性。IGS 最终星历每周四更新，时延约为 13 天（一周中的最后一天）至 20 天（一周中的第一天），同时其也是 IGS 参考基准的基础，应用于要求高精度和高质量钟差的领域。

2）IGS 快速星历

IGS 快速星历（IGS rapid products，IGR）钟差质量与最终星历质量近似，每天更新，在最初观测日之后时延约 17 小时，即 IGR 每天 17:00 UTC 发布。对于大部分的星历用户而言，IGR 和 IGF 产品之间的差异不大。

3）IGS 超快星历

为了减小延迟时间、降低不连续预报轨道的影响，IGS 在第 1087GPS 周（2000年 11 月）开始发布 IGS 超快星历（IGS ultra-rapid products，IGU）。IGU 实时发布，可做到近乎实时应用。IGU 每天发布 4 次，分别是 03:00、09:00、15:00 和21:00（UTC），采用这种预报方式，平均预报时长缩短到 6 小时，而预报时长的缩短，将改善轨道预报性能和减少用户端的错误。与其他 IGS 轨道星历不同，IGU 轨道文件包括 48 小时轨道星历列表，每次更新包括 6 小时的开始/结束连续数移。其他轨道产品严格包含 24 小时（00:00～23:45）。第一个 24 小时的 IGU 轨道产品是基于最近 GPS 观测数据（每小时从 IGS 跟踪网络中获得）而归算得到。在发布产品的时刻，观测轨道数据有初始 3 小时的延迟。每个文件的下一个 24 小时是基于观测轨道数据计算而得到的预报轨道。然而，IGU 中的轨道数据在分界线处是连续的，为预报结果。3～9 小时的预报轨道文件至第二个周期前半部分的每个超快轨道文件可近似应用于实时领域。

4）广播星历

广播星历是一种实时星历，每天更新。

## 1.2　时　间　计　量

### 1.2.1　古代计时的主要方式

随着人类社会的发展，人们在日、月、季、年的轮回中逐渐形成了对时间的认知和理解，学会了根据时间的流转、季节的更替来安排农事，并逐渐总结出了春耕秋收的规律来指导农业生产。

但月、季、年的变化周期较长，不足以指导日益复杂的社会生产生活，为获得更加精细的时间基准，人类最初发明了结绳记日、日晷、水（沙）漏计时、机械钟计时，后来发明了石英钟计时、原子钟计时。随着计时精度不断提高，时间对人们生活的影响也日益深远。

结绳记日，是一种原始的对日的粗略计量方法，每过一天，增加一个绳结，以达到对于日计数的目的，这是一种古老的对于时间的计量方法。在一个个绳结中，人们对于流逝的日子有了形象的记忆，从而方便了其日常生活。

水漏计时，是一种发展的计时方法，将水注入底部有孔的容器中，水从孔中流出，容器中的水位降低，由水位降低的刻度计算得到时长，实现对时间的计量，俗称水钟。人们后来发明了沙漏计时，与水漏计时类似，用沙子来替代水进行计量，这种计时方式虽然相对于现代原子时秒的精确度很低，但是对于时间没有特别精确需求的古代，这种计时方式对于推动当时的农业、科技和生活的进行有着重要的意义。

日晷，是人类发明的最早的日间计时工具，其历史可追溯到公元前 3000 年的古埃及，我国日晷的历史大约晚于古埃及 600 年。日晷，顾名思义，日即太阳，晷即影子，利用立杆测影的原理对时间进行计量，原理简单，应用广泛，但是不同季节影子长度不同导致计时精度偏低，阴雨天和晚上等无日照情况下无法使用是日晷不可克服的缺点。日晷在世界各地比较常见，一般设置于广场、公园等，我国故宫博物院、南京紫金山天文台等都保存了完好的日晷。古欧洲的日晷，是通过建立方尖碑来实现计时的。

机械钟计时，是随着科技的进步而发明的比较精准的计时方式。机械钟利用重锤下降的力量来使驱动轴运动，从而带动指针运动，以显示时间，最早应用于欧洲的教堂中，目前部分欧洲教堂仍然保存着钟塔结构。机械钟随着科技的发展而逐渐小型化、便携化，对人们的生产生活产生了重要的影响。

石英钟计时，是一种较为精准的计时方式。1880 年，法国科学家皮埃尔·居里和保罗·雅克·居里发现了石英晶体振荡器的压电特性。1929 年，贝尔实验室发明了石英钟，利用石英晶体调控震动来对时间进行计量。经过多年的发展，石英钟已经广泛使用，精度较高的石英钟的年误差为 3～5s。

原子钟计时，利用原子在不同能级之间跃迁过程中的跃迁频率稳定性和可复现性来实现对时间的计量，相关理论在 1.1.2 小节进行了阐述，不再赘述。

## 1.2.2　时间计量标准

一般主要以频率的准确度、稳定度以及老化率作为高精度时钟性能的评价指标。时钟受到各种噪声或外界因素影响，其输出频率随机变化的程度称为频率稳定度。一般采用 Allan 方差和 Hadamard 方差表征其数值的大小。其中，Allan 方差的定义如式（1.5）所示。

$$\sigma_y^2(\tau) = \frac{1}{2}\left\langle (y_{i+1} - y_i)^2 \right\rangle \qquad (1.5)$$

其中，$\langle \cdot \rangle$ 表示时间平均；$\tau$ 表示采样时间。Allan 方差的估计方法如式（1.6）所示。

$$\sigma_y^2(\tau) = \frac{1}{2(M-1)\tau^2}\sum_{i=1}^{M-1}\left[x(i+2) - 2x(i+1) + x(i)\right]^2 \qquad (1.6)$$

其中，$M$ 表示相位采样个数。

与 Allan 方差相比，Hadamard 方差属于三次采样时间测量，受频率漂移的影响程度较小，在实际工程中较 Allan 方差应用广泛。对于相位测量数据，其估计方法如式（1.7）所示。

$$\sigma_y^2(\tau) = \frac{1}{6(M-2)\tau^2} \sum_{i=1}^{M-2} \left[ x(i+3) - 3x(i+2) + 3x(i+1) - x(i) \right]^2 \qquad (1.7)$$

频率老化率是衡量时钟输出频率随时间线性变化的指标。频率老化率反映了时钟在连续工作过程中的输出特性。频率老化率的计算方法如式（1.8）所示。

$$D = \frac{\sum_{i=1}^{N}(y_i - \overline{y})(t_i - \overline{t})}{\sum_{i=1}^{N}(t_i - \overline{t})^2} \qquad (1.8)$$

其中，$t_i$ 表示第 $i$ 次测量的时刻；$y_i$ 表示此时时钟输出的相对频率值；$\overline{y}$ 和 $\overline{t}$ 分别表示 $y_i$ 和 $t_i$ 加权平均。

表 1.6 中给出了目前主要高精度频率源的部分性能指标。其中，原子钟以一般商用铷钟和商用铯钟为例；稳定度指标以 Hadamard 方差来衡量。

表 1.6　高精度频率源的部分性能指标

| 频率源 | 铷钟 | 铯钟 |
| --- | --- | --- |
| 准确度（1s） | $5 \times 10^{-12}$ | $5 \times 10^{-11}$ |
| 稳定度（1s） | $5 \times 10^{-12}$ | $5 \times 10^{-12}$ |
| 老化率（1a） | $10^{-11}$ | $10^{-13}$ |

## 1.3　授时与守时

时间作为自然界中一个基本物理量，涉及守时、授时、用时、定时等内容，各部分之间的关系如图 1.2 所示。

由图 1.2 可知，标准时间通过时间传递即授时将时间信号传递给时间用户，时间用户收到该标准时间信号后通过处理获得标准时间，实现时间用户与标准时间的时间同步。图 1.2 中，标准时间通过守时系统产生。守时系统是能产生和保持标准时间的系统，一般由守时原子钟组、内部钟差测量、外部时间比对、综合原子时处理以及标准时间频率信号生成等软硬件构成，其产生的标准时间信号通过授时系统传输至时间用户。授时系统是通过有线信道或者无线信道传递和发播标准时间信号的系统，包括短波无线电授时、长波无线电授时、卫星授时和网络授时等多种手段。时间用户通过授时系统获得标准时间后，调校本地钟源时钟，

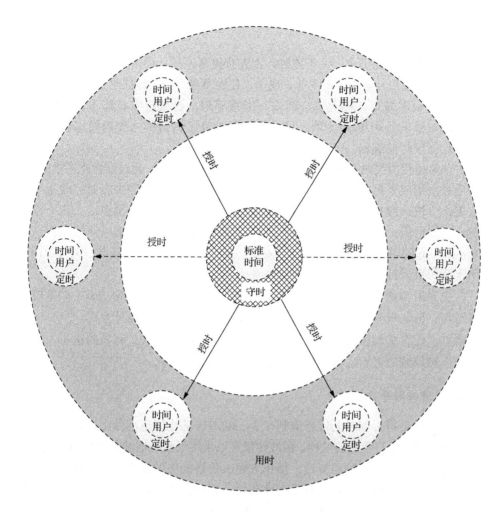

图 1.2　时间关系图

使本地钟源与标准时间同步，这个过程称为定时，在此基础上，将校准后的时间信号传输给本地其他使用时间的系统，这个过程统称为用时。

　　概括而言，守时系统产生标准时间后，将该时间信号通过授时系统传输至时间用户，在用户端通过定时处理来使其时间与标准时间同步，从而实现用时。

## 1.3.1　授时手段

　　授时，是发播标准时间信号和时间信息的过程，也是时间比对的过程，一般系统时间的精度至少高于用户级时间精度一个数量级。授时也随着科技的进步而逐渐发展。

1. 古代授时手段

授时有着悠久的历史。关于授时，古人有很多论述，如语本《书·尧典》中写道"历象日月星辰，敬授人时"等。成语"晨钟暮鼓"形象地描绘了一种古代授时方式。我国很多城市，如北京、西安、南京等地，在城市中心都建有钟楼和鼓楼，不同时辰的钟声/鼓声不同，通过早晨敲钟晚上击鼓的方式向周边居民播报时间，这是授时的雏形。

古代常用夜间授时方式是"打更"，打更由更夫来完成，通过敲锣来播报时间，更夫通过水漏或者燃香来获得时间，通过变换节奏、不同次数来报时：晚上七点打落更，一快一慢打三次；九点打二更，打一下又打一下，连续多次；十一点打三更，一慢两快；凌晨一点打四更，一慢三快；凌晨三点打五更，一慢四快。古人有早睡早起的习惯，五更过后就开始起床劳作了，著名的重庆磁器口更夫像，来自明末清初更夫打更报时的文化背景。

打更报时虽然是一种很久远的授时方式，但是其衍生的授时方式，如学校上下课铃声、部队司号员吹的号声等都是一种现代的"打更"授时方式。

此外，还有午炮报时和落球报时等比较古老的授时方式。科技的进步，特别是无线电磁领域的进步，极大地推动了授时方式的现代化。

2. 短波授时手段

短波授时是将标准时间信号调制在 3～30MHz 的无线电信号上，并通过发播台站发播给时间用户使用的过程。短波传播可以采用天波和地波两种传播方式，主要途径是天波，具有传输距离远、操作方便、价格低廉的优点，是一种最低限度使用的授时方式。在战时，具有不可替代性，地位很特殊，因此短波授时至今仍在多国使用。国际电信联盟（International Telecommunications Union，ITU）规定短波授时频率及带宽分别为 2.5MHz±5kHz、5MHz±5kHz、10MHz±5kHz、15MHz±10kHz、20MHz±10kHz、25MHz±10kHz。短波授时精度一般在毫秒量级，我国短波授时发播工作由中国科学院国家授时中心承担。

3. 长波授时手段

长波授时将标准时间信号调制在 30～300kHz 的无线电信号上，并通过发播台站发播给时间用户使用。长波传播可采用沿地面绕射（地波）和经电磁层反射（天波）两种方式来传播。天波信号传输过程中经过电离层的一次或者多次发射传播至接收端，其信号强度随着一天中不同时段、不同季节和不同年份等变化，白天幅度小，夜间幅度大，具有典型的周日效应；同时白天相位超前，夜间相位滞后，因此其具有不确定性。地波信号沿地表传播，表现为较大的时延和能量的损耗，但其传播路径稳定且传播延迟可精确预测，幅度和相位也比较稳定，因此长波授时一般采用地波进行传播，以实现远距离的授时和校频等工作。地波授时精度≤1μs，校频精度达$1.1\times10^{-12}$，授时距离为1000～2000km；天波授时精度≤30μs，校频精度达$1.1\times10^{-11}$（白天）/$4.4\times10^{-12}$（夜间），授时距离达3000km[21]。

我国在20世纪70年代专门建立了罗兰-C长波授时台，1983年开始大功率发播，呼号BPL，其载频为100kHz。BPL长波授时台覆盖了我国内陆全域及近海，授时精度达微秒量级，多年来持续运行，为我国国计民生相关领域提供了可靠稳定的高精度授时服务，发挥了不可替代的作用。21世纪对罗兰-C系统进行了升级，可发播完整日期、时间、时差和PNT增强信息[30]。

低频时码授时是一种特殊的长波授时方式，用于区域性标准时间频率信号的传输，NTSC采用载频为68.5kHz的连续波时码授时体制技术，呼号BPC，常见的电波钟/电波表接收该信号来自动校准时间，精度可以达到30万年误差不超过1s。

### 4. 电话授时手段

电话授时是利用电话网传输标准时间信号的授时方式，也称为电话时间服务。包括两种服务方式：一种是采用公共电话交换网络实现的有线授时方式，由公共电话交换网络、时间编码/译码器、调制解调器和时间用户（电话授时终端）等部分组成，如图1.3所示；另一种是采用计算机电话时间服务系统实现的授时方式，由调制解调器、电话网和相关软件组成，这是采用中断方式来实现的授时，NTSC授时服务器只有接收时间用户计算机发出的时间服务请求后才向用户发送相关时间信号，用户端接收该信号后减去相关时延，得到标准的时间信号。

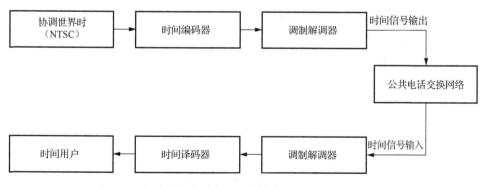

图 1.3 基于公共电话交换网络的电话授时系统组成框图

由图 1.3 可知，国家授时中心发播的协调世界时时间信号通过编码和调制等处理后，经过公共电话交换网络传输送至时间用户接收端，再经过解调和译码等处理后将标准时间信号传输给时间用户。这是单向的传输方式，也可通过该传输网络实现双向的时间信号传递。电话授时精度可达毫秒量级。

5. 电视授时手段

电视授时是利用电视信号传输标准时间和时间信息给用户的授时方式，即在电视信号中插入标准时间信息，用户接收该信号后，通过处理、修正，即可实现授时。

6. 卫星授时手段

卫星授时是利用卫星传输时间比对信号来实现远距离时间同步的授时方式。GNSS 和 GEO 卫星是进行卫星授时主要载体，GNSS 主要包括美国的 GPS、中国的北斗（BDS）、俄罗斯的格洛纳斯（GLONASS）和欧洲的伽利略（Galileo）等。第 2 章将详细论述卫星授时，本节不展开讨论。

7. 网络授时手段

网络授时是在网络上按照网络时间服务协议发送标准时间信息的过程，第 3 章将进行详细论述，本节不展开讨论。

8. 搬运钟法

搬运钟法是一种在高精度时间同步技术发展初期常用的时间比对方法，原理如图 1.4 所示。

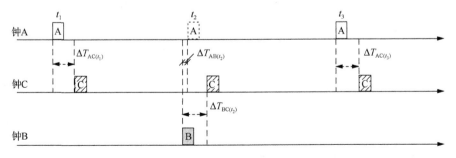

图 1.4  搬运钟法原理图

由图 1.4 可知，钟 A 和钟 B 为两台相距较远需要进行比对的原子钟，钟 C 为便携式原子钟，$t_1$ 时刻钟 C 与钟 A 进行比对，然后将钟 C 搬运至钟 B 附近，$t_2$ 时刻钟 C 与钟 B 进行比对，之后将钟 C 搬运回钟 A 处，$t_3$ 时刻钟 C 与钟 A 再次进行比对，获得目标钟 A 和钟 B 之间的钟差 $\Delta T_{AB(t_2)}$，通过对钟 A 和钟 B 进行校准来实现二者之间的同步。$t_1$ 时刻，钟 A 和钟 C 进行比对，此时钟 A 和钟 C 间的钟差为

$$\Delta T_{AC(t_1)} = T_C - T_A \tag{1.9}$$

$t_2$ 时刻，钟 C 和钟 B 进行比对，此时钟 C 和钟 B 间的钟差为

$$\Delta T_{BC(t_2)} = T_C - T_B \tag{1.10}$$

$t_3$ 时刻，钟 A 和钟 C 进行比对，此时钟 A 和钟 C 间的钟差为

$$\Delta T_{AC(t_3)} = T_C - T_A \tag{1.11}$$

根据内插原理，由式（1.9）和式（1.11）可得

$$\frac{\Delta T_{AC(t_2)} - \Delta T_{AC(t_1)}}{t_2 - t_1} = \frac{\Delta T_{AC(t_3)} - \Delta T_{AC(t_2)}}{t_3 - t_2} \tag{1.12}$$

展开式（1.12），得 $t_2$ 时刻，钟 A 和钟 C 间的钟差为

$$\Delta T_{AC(t_2)} = \frac{(t_3 - t_2)\Delta T_{AC(t_1)} + (t_2 - t_1)\Delta T_{AC(t_3)}}{t_3 - t_1} \tag{1.13}$$

由式（1.10）和式（1.13）可得 $t_2$ 时刻，钟 A 和钟 B 间的钟差为

$$\Delta T_{AB(t_2)} = \Delta T_{AC(t_2)} - \Delta T_{BC(t_2)} = \frac{(t_3 - t_2)\Delta T_{AC(t_1)} + (t_2 - t_1)\Delta T_{AC(t_3)}}{t_3 - t_1} - \Delta T_{BC(t_2)} \tag{1.14}$$

钟 C 从 A→B→A 闭合回路的搬运比对，能一定程度减小系统误差对同步精度的影响，但搬运钟时间比对受环境因素影响较大，操作复杂，且存在精度较低、不可以持续测量和无法进行实时时间比对等缺陷，因而被较少采用，不过该方法仍能作为其他比对方法的备份方法，也可用于其他比对设备的校准参考[2, 31]。

### 9. 其他授时手段

除了上述的授时方式外，还有微波授时和量子授时等。

国际电信联盟 Rec. ITU-R TF.1011-1 给出了主要授时手段的性能，如表 1.7 所示[32]。

表 1.7  主要授时手段性能

| 授时手段 | 时间准确度（UTC） | 典型频率传输性能 | 覆盖范围 | 可用性 | 易操作性 | 成本（$） | 实例 | 备注 |
|---|---|---|---|---|---|---|---|---|
| 短波授时 | 1～10ms | $10^{-6}$～$10^{-8}$ (>1d) | 全球 | 连续，但取决于用户及其位置 | 取决于所需精度 | 50～5000 | NTSC BPM 授时台 | 授时精度取决于路径长度、一天中的时段和接收机的校准精度等 |
| 长波授时 | 1μs | $10^{-12}$ | 区域 | 持续 | 自动 | 12000 | 罗兰-C BPL | 覆盖北半球，稳定性和精度取决于所接收的地波 |
| 电视授时 | 10ns（共视） | $10^{-12}$～$10^{-14}$ (>1d) | 本地 | 取决于本地广播体制 | 自动 | 5000 | CCTV | 授时需要校准 |
| 卫星共视授时 | 5～20ns | $10^{-13}$～$10^{-15}$ (1～50d) | 洲际 | 自动数据接收，需后处理 | 持续 | 10000～20000（每站） | BD/GPS/ Galileo/ GLONASS | 最精确、应用最广的授时方式，<8000km |
| 卫星双向时间比对授时 | 1～10ns | $10^{-14}$～$10^{-15}$ | 区域卫星覆盖范围 | 自动数据采集，需后处理 | 持续 | 50000（每站） | 北美、中国、欧洲等地区卫星网络已建成 | 当前最准确的比对方式 |
| 电话授时 | 1～10ms | $10^{-8}$ (>1d) | 电话覆盖范围 | 持续 | 自动 | 100 | NTSC | 双工电话线需同路径，计算机软件可用 |
| 光纤授时 | 10～50ps | $10^{-16}$～$10^{-17}$ | 本地（<50km） | 持续 | 自动 | 发射机/接收机30000及地下光纤铺设费用 | 专门用于频率传递 | 光纤必须恒温（如埋于地下1.5m） |
| 光纤授时 | 100ns | $10^{-13}$～$10^{-14}$ (>1d) | 远距离2000km | 持续 | 自动 | 是其他特殊通信设备的一部分 | 数字同步网（SDH） | 数字通信系统中的一部分 |
| 微波授时 | 1～10ns | $10^{-14}$～$10^{-15}$ | 本地 | 持续 | 自动 | 50000～75000 | | 对大气环境和多径效应敏感，须双向比对才能获得精确稳定授时 |
| 同轴电缆授时 | 1～10ns | $10^{-14}$～$10^{-15}$ | 本地 | 持续 | 自动 | 5～30（每米） | | 对温度、湿度、气压和电压驻波比敏感 |

## 1.3.2　守时技术

守时是获得标准时间的必要方法和技术，守时原子钟组产生独立的高精度时间信号，通过内部钟差测量、外部时间比对、综合原子时处理等步骤处理后，获得标准时间频率信号。守时可以从系统层面和国家层面来理解：系统层面上，为了获得独立的系统时间，如分布式工作系统的系统时间，可以通过一组高精度原子钟组产生时间频率信号，经过一系列的硬件处理和算法加权后获得该系统的系统时间，这是一种守时；国家层面上，要获得国家标准时间，须通过国家守时系统来获得，在我国是由中国科学院国家授时中心（NTSC）来完成该项工作。NTSC 本地时间系统主要由原子钟组、相位微调器、频率分配放大器、1PPS 分配放大器、时间间隔计数器、信号切换器、远程时间传递系统和数据处理系统等组成，另外还包括本地比对系统、数据库系统和环境监测与控制系统等部分，其组成框图如图 1.5 所示[33]。

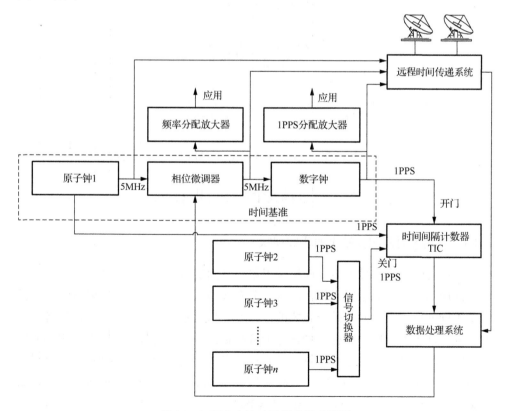

图 1.5　NTSC 本地时间系统组成框图

NTSC 不仅负责我国标准时间的生成，同时也参与国际 TAI 归算，2014 年 NTSC 对于 TAI 的贡献约占 7%，对提升我国时间频率领域的国际话语权和影响力发挥了重要作用。2014 年度全球守时实验室对 TAI 归算的权重贡献如图 1.6 所示[34]。

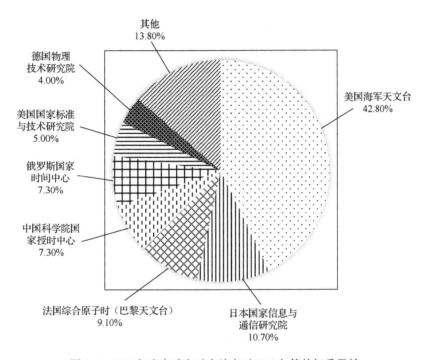

图 1.6　2014 年度全球守时实验室对 TAI 归算的权重贡献

# 1.4　高精度时间同步技术

## 1.4.1　高精度时间同步技术的研究现状

高精度时间同步技术主要应用于卫星、时间实验室和广大时间用户中，同时也广泛应用于分布式组网系统中，其中分布式指该系统中各要素或者各站分散部署于不同的位置，空间上是分布式的；组网是指该系统虽然分散部署，但各站之间是互相联系而形成的遂行某种任务或者具备某种功能的整体。分布式组网系统的时间同步精度直接决定着系统效能水平的发挥。要实现各站之间的高精度时间同步，一般可采用搬运钟法、单向时间比对法、静止轨道激光同步法（laser synchronization from stationary orbit，LASSO）[35]、卫星共视法[36-39]、卫星双向时间比对法[40-44]、伪码和激光测距法、流星余迹双向时间比对法等。世界各主要时间实验室普遍采用的是双向时间比对技术，其中应用最多的是卫星双向时间比对法，该方法被证明是远程时间和频率传递最精确的方法[45]。

卫星双向时间比对法是双向时间比对技术中应用最广泛的一种方法。从 1999 年开始，卫星双向时间比对法被应用于国际原子时机构，几乎所有原子时机构的时间和频率传递都采用卫星双向时间频率比对（two way satellite time and frequency transfer，TWSTFT）法[43]。近年来学者们对卫星双向时间比对法进行了多方面的研究，提出了许多改进方法。为了获得 BDS 实时 TWSTFT，2014 年刘增军等研究了 BDS 中基于载波多普勒的实时 TWSTFT 方法，得出了该方法能获得比传统 TWSTFT 更好的短期频率传输特性的结论[46]。2015 年杨文可等针对 BDS 提出了一种计算双 TWSTFT 链路站间钟差阿伦方差置信区间的方法，利用两条独立比对链路，将测量噪声阿伦方差与钟差阿伦方差进行有效分离，从而减少了测量噪声对钟差频率稳定度评估的影响[47]。2016 年唐成盼等针对北斗定轨精度差于 GPS 的问题，提出了一种改善北斗卫星双向时间比对系统定轨精度的方法，通过计算部分北斗卫星网络的测量数据得出了该方法能够降低 27.6% 的 GEO 卫星定轨误差的结论[48]。针对 TWSTFT 中多址干扰问题，2017 年 Huang 等在软件接收机采用连续干扰消除措施来降低多址干扰影响，并通过算例研究得出了该方法能够提高比对短期稳定性的结论[49]。TWSTFT 中采用 IGSO 卫星进行时间信号比对比采用 GEO 卫星进行比对要困难，这主要是因为 IGSO 卫星相对于地面站做相对运动，给比对带来了严重的周期性的影响，针对此问题，2018 年王伟等提出了一种新的协议和算法来修正影响基于 IGSO 的 TWSTFT 精度，并通过算例证明了该方法能够提高比对精度的结论[50]。

中国科学院国家授时中心董绍武等对基于微波信道的时间同步方法进行了研究。在对原临潼至蒲城模拟通信线路数字化改造过程中，参照卫星双向时间比对方法，实现了基于微波信道的双向时间比对方法。将原来的模拟通信线路改造为电话信号、视频信号、数据信号和用于时间同步的秒脉冲（one pulse per second，1PPS）信号等多路传输，并设计了专用的调制解调器对 1PPS 信号进行调制解调，经过高频加载到微波波段进行双向传输。改造完成后，测试结果表明数字微波双向时间比对的精度达到 3ns，优于改造前的 48ns[51]。

双向时间比对方法也可应用于光纤信道，2013 年 Sliwczynski 等进行了远距离光纤双向时频比对试验，采用单径双向放大器和最优化方法进行了 120～220km 的试验，证明了该方法在时频传递中的有效性[52]。2014 年李晓亚等研究了光纤链路温度对授时精度的影响，通过试验实现了 100km 光纤双向时间比对小于 400ps 的同步精度[53]。2016 年刘琴等采用波分复用技术和双向时间比对方法，通过级联方式在 230km 光纤链路中实现了频率和时间的传递，得到了该级联系统的时间同步准确度为 90ps 的结论[54]。2016 年刘涛等研制了用于光频传输的通信波段窄线宽激光，利用临潼—西安 56km 光纤实现了两地间的时间同步，获得了优于 30ps 同步稳定度[55]。2017 年陈法喜等提出了在光纤双向时间比对的基础上，利用一个波长信道同时对 1PPS 信号、时码信号以及 10MHz 信号进行传递，并使用时分多址和净化再生的方式实现多站点高精度光纤时间同步的方法，通过试验验证得出了该方法在 871.6km 传输路径上能够获得时间同步标准差为 29.8ps 的结论[56]。2019 年，杨文哲等研究了光纤双向时间同步系统不确定度评定问题，分析了系统不确定度的来源，研究了各不确定度来源对于系统时间同步结果的影响，并对系统各不确定度进行了评定[57]。

流星余迹通信[58, 59]是一种远距离突发通信方式，适用于小容量和无实时要求的场合，利用流星余迹信道也能实现两站间的时间同步，其主要缺陷是难以实现持续比对。

2014 年陈西宏团队基于卫星双向时间比对方法，提出了利用对流层散射信道传递双向时间比对信号的对流层双向时间比对（two way troposphere time transfer，$TWT^3$）方法，来实现多基地雷达各站之间的高精度时间同步，并对该方法的传输精度进行了前期探讨，于 2016 年获得了国防专利授权[60, 61]。2016 年研究了基于修正 Hopfield 模型的 $TWT^3$ 斜延迟（slant propagation delay，SPD）估计方法，分析了高程、入射角和年积日等因素对斜延迟的影响[62]。

### 1.4.2  高精度时间同步技术的主要应用

高精度时间同步技术广泛应用于分布式组网系统中，如卫星网络、时间实验室、智能电网、智能交通、智慧城市、通信网络、金融交易系统和地震监测网络等，与人们日常生活息息相关。

全球卫星导航系统遂行卫星导航、定位和授时任务，配置有独立的时间系统，如 BD 卫星网络，每颗卫星上均配有高精度原子钟，北斗时间系统是由卫星原子钟、地面运控站原子钟和国家授时中心共同联网组成，通过卫星双向时间比对技术、卫星共视技术来实现卫星星载原子钟与地面原子钟时间信息的比对，从而获得北斗系统时间。

为了获得国际 TAI，各时间实验室的原子钟系统需要通过卫星双向时间频率比对法获得各站间钟差，通过算法加权来获得国际 TAI。各时间实验室均配置有高稳定度、高可靠性的守时原子钟组，各时间实验室获得其独立的时间信号需要参与国际 TAI 计算，从而来获得本站与 TAI 钟差。

高精度时间同步技术在智能电网领域发挥着至关重要的作用。电流、电压、功角、相角等变量都是时间的函数，工作于统一的时间基准是全网电力系统正常运行的前提。电网调度系统、监控系统、故障录波系统、事件顺序记录系统等均需要保持高精度时间同步来提高智能电网的效能水平、故障定位精度和运行效率，实现国家层面大电网的互联互通，从而整体提升国家电网的智能化水平。我国电网曾经过度依赖于 GPS 授时来保持全网的时间同步，受制于人，存在 GPS 信号被切断后整个电网瘫痪的可能性。为了破除此威胁，2009 年国家正式确立了"天地互备，以北斗为主的电力系统授时体系"，从国家战略层面改变了对 GPS 过度依赖的弊病[30]。

一个城市特别是大型城市的交通对城市的发展至关重要，高精度时间同步水平直接影响着智能交通水平。交通调度指挥控制、路况实时显示、交通信号的自适应学习调控、实时电子地图、公交运营、电子公交站牌、客流与物流信息热度显示、高速路网实时监控及电子不停车收费（ETC）以及无人驾驶车辆等系统，均需要高精度时间同步技术作为基础。

在信息化技术日益发达的今天，基于 5G、BDS、大数据、云计算、物联网和人工智能等先进技术的城市变得越来越智能，智慧城市正在改变着人们的生活。信息化越发达，智慧城市对时间同步的精度要求越高。人们生活被信息化、数据化，时间是这些信息、数据的基础变量。时间基准紊乱的信息是无用的甚至是有害的信息，智慧城市需要高精度时间同步技术来支撑。

高精度时间同步技术地位日益重要，在国计民生、国防安全和国家主权等方面都将发挥基础性和决定性的作用。

## 参 考 文 献

[1] 韩春好. 时空测量原理[M]. 北京: 科学出版社, 2017.

[2] 李孝辉, 杨旭海, 刘娅, 等. 时间频率信号的精密测量[M]. 北京: 科学出版社, 2010.

[3] 陈向东, 郑瑞锋, 陈洪卿, 等. 北斗授时终端及其检测技术[M]. 北京: 电子工业出版社, 2016.

[4] 中国卫星导航系统管理办公室. 北斗卫星导航系统发展报告(4.0 版)[R]. 北京, 2019.

[5] SHI C Y, WEI R, ZHOU Z C, et al. Proposal of a dual-ball atomic fountain clock[J]. Chinese Optics Letters, 2011, 9(4): 040201.

[6] LU D S, QU Q Z, WANG B, et al. Miniaturized optical system for atomic fountain clock[J]. Chinese Physics B, 2011, 20(6): 063201.

[7] DEVENOGES L, STEFANOV A, JOYET A, et al. Improvement of the frequency stability below the dick limit with a continuous atomic fountain clock[J]. IEEE Transactions on Ultrasonics, Ferroelectrics and Frequency Control, 2012, 59(2): 211-216.

[8] HERSCHBACH N, PYKA K, KELLER J, et al. Linear Paul trap design for an optical clock with Coulomb crystals[J]. Applied Physics B: Lasers and Optics, 2012, 107: 891-906.

[9] ZHANG S N, WANG Y F, ZHANG T G, et al. A potassium atom four-level active optical clock scheme[J]. Chinese Physics Letters, 2013, 30(4): 040601.

[10] ZHANG T G, WANG Y F, ZANG X R, et al. Active optical clock based on four-level quantum system[J]. Chinese Science Bulletin, 2013, 58(17): 2033-2038.

[11] SAHIN E, HAMID R, BIRLIKSEVEN C, et al. High contrast resonances of the coherent population trapping on sublevels of the ground atomic term[J]. Laser Physics, 2012, 22(6): 1038-1042.

[12] LIU Z, WANG J Y, DIAO W T, et al. Characterizing passive coherent population trapping resonance in a cesium vapor cell filled with neon buffer gas[J]. Chinese Physics, 2013, 22(4): 043201.

[13] WANG N R, ZHOU T Z, GAO L S, et al. Research on frequency-temperature compensated sapphire-SrTiO3 loaded cavity for hydrogen maser[J]. Journal of Systems Engineering and Electronics, 2009, 20(4): 711-717.

[14] MANDACHE C, NIZET J, LEONARD D, et al. On the hydrogen maser oscillation threshold[J]. Applied Physics B: Lasers and Optics, 2012, 107(3): 675-677.

[15] 翟造成, 杨佩红. 新型原子钟及其在我国的发展[J]. 激光与光电子学进展, 2009, (3): 21-31.

[16] 周敏, 艾迪, 骆莉梦, 等. 冷镱原子光钟的研究进展[J]. 导航定位与授时, 2019, 6(1): 1-6.

[17] CAMPBELL S L, HUTSON R B, MARTI G E, et al. A Fermi-degenerate three-dimensional optical lattice clock[J]. Science, 2017, 358(6359): 90-94.

[18] 林弋戈, 方占军. 锶原子光晶格钟[J]. 物理学报, 2018, 67(16): 160604.

[19] HUANG Y, GUAN H, LIU P, et al. Frequency comparison of two $^{40}$Ca$^+$ optical clocks with an uncertainty at the $10^{-17}$ level[J]. Physical Review Letters, 2016, 116(1): 013001.

[20] 梅刚华, 赵峰, 祁峰, 等. 用于北斗三号卫星导航系统的星载铷原子钟特性[J]. 中国科学: 物理学 力学 天文学, 2021, 51(1): 019512.

[21] 中国人民解放军总装备部军事训练教材编辑工作委员会. 时间统一技术[M]. 北京: 国防工业出版社, 2004.

[22] 帅平, 李明, 陈绍龙, 等. X 射线脉冲星导航系统原理与方法[M]. 北京: 中国宇航出版社, 2009.

[23] 杨洋. 卫星导航系统时间同步新体制理论与方法研究[D]. 北京: 装备学院, 2012.

[24] 肖阳. GNSS 星载原子钟短期钟差预报模型研究[D]. 桂林: 桂林理工大学, 2019.

[25] 艾青松. GNSS 星载原子钟时频特性分析及钟差预报算法研究[D]. 西安: 长安大学, 2017.

[26] 杨军, 毛新凯, 卢心竹. 国内外频率标准发展现状[J]. 宇航计测技术, 2020, 40(5): 1-10.

[27] 周庆勇, 魏子卿, 张华, 等. 基于双谱滤波的综合脉冲星算法研究[J]. 天文学报, 2021, 62(2): 19.

[28] 张承民, 王双强, 尚伦华, 等. 脉冲星发现 50 年[J]. 科技导报 2017, 35(18): 52-57.

[29] 陈拯民, 黄显林, 卢鸿谦. X 射线脉冲星导航中钟差的可观测性问题[J]. 宇航学报, 2011, 32(6): 1262-1270.

[30] 吴海涛, 李变, 武建锋, 等. 北斗授时技术及其应用[M]. 北京: 电子工业出版社, 2016.

[31] 屈俐俐, 李变. 短基线高准确度时间传递研究[J]. 宇航计测技术, 2010, 30(2): 64-67.

[32] ITU. Systems, techniques and services for time and frequency transfer[R]. Geneva, 1997.

[33] 贺瑞珍. 守时信息自动分析方法研究及软件实现[D]. 北京: 中国科学院大学, 2014.

[34] 董绍武, 屈俐俐, 袁海波, 等. NTSC 守时工作: 国际先进、贡献卓绝[J]. 时间频率学报, 2016, 39(3): 129-137.

[35] GUILLEMOT P, GASC K, PETITBON I, et al. Time transfer by laser link: The T2L2 experiment on Jason 2[C]. International Frequency Control Symposium and Exposition, 2006, 771-778.

[36] DAVIS J A, LEWANDOWSKI W, YOUNG J A, et al. Comparison of two-way satellite time and frequency transfer and GPS common-view time transfer during the INTELSTAT field trial[C]. European Frequency and Time Forum, Brighton, 1996, 382-387.

[37] MOLINA V, LOPEZ M G, MONTONYA A A, et al. Common-view technique applied to the link CENAM-LAPEM[J]. IEEE Transactions on Instrumentation and Measurement, 1999, 48(2): 654-658.

[38] DAVIS J A, STEVENS M, WHIBBERLEY P B, et al. Commissioning and validation of a GPS common-view time transfer service at NPL[C]. 2003 IEEE International Frequency Control Symposium and PDA Exhibition Jointly with the 17th European Frequency and Time Forum, Tampa, Florida, 2003, 1025-1031.

[39] LIAO C S, HWANG J K. Around-the-world GPS common-view closures with conventional P3 and smoothed P3 codes[J]. Electronics letters, 2006, 42(11): 646-647.

[40] KIRCHNER D. Two-way time transfer via communication satellites[J]. Proceedings of the IEEE, 1991, 19(7): 983-990.

[41] IMAE M, HOSOKAWA M, IMAMURA K, et al. Two-way satellite time and frequency transfer networks in pacific rim region[J]. IEEE Transactions on Instrumentation and Measurement, 2001, 50(2): 559-562.

[42] PLUMB J F, LARSON K M. Long-term comparisons between two-way satellite and geodetic time transfer systems[J]. IEEE Transactions on Ultrasonics, Ferroelectrics and Frequency Control, 2005, 52(11): 1912-1918.

[43] LIN H T, HUANG Y J, TSENG W H, et al. Recent development and utilization of two-way satellite time and frequency transfer[J]. MAPAN-Journal of Metrology Society of India, 2012, 27(1): 13-22.

[44] YANG W K, GONG H, LIU Z J, et al. Improved two-way satellite time and frequency transfer with Multi-GEO in BeiDou navigation system[J]. Science China Information Sciences, 2014, 57(2): 1-15.

[45] 刘利. 相对论时间比对理论与高精度时间同步技术[D]. 郑州: 解放军信息工程大学, 2004.

[46] LIU Z J, GONG H, YANG W K, et al. Carrier-Doppler-based real-time two way satellite frequency transfer and its application in BeiDou system[J]. Advances in Space Research, 2014, 54(5): 896-900.

[47] 杨文可, 龚航, 胡小工, 等. 双 TWSTFT 链路北斗站间时间频率传递: 钟差阿伦方差的置信区间计算[J]. 中国科学: 物理学 力学 天文学, 2015, 45(7): 079503.

[48] TANG C P, HU X G, ZHOU S S, et al. Improvement of orbit determination accuracy for BeiDou Navigation Satellite System with two-way satellite time frequency transfer[J]. Advances in Space Research, 2016, 58: 1390-1400.

[49] HUANG Y J, TSAO H W, LIN H T, et al. Multiple access interference suppression for TWSTFT applications[J]. IEEE Transactions on Instrumentation and Measurement, 2017, 66(6): 1337-1342.

[50] WANG W, YANG X H, DING S, et al. An improved protocol for performing two-way satellite time and frequency transfer using a satellite in an inclined Geo-synchronous orbit[J]. IEEE Transactions on Ultrasonics, Ferroelectrics, and Frequency Control, 2018, 65(8): 1475-1486.

[51] 董绍武, 漆溢, 刘春侠, 等. 临潼—蒲城数字微波时间传输系统建设及初步结果[J]. 时间频率学报, 2008, 31(2): 104-108.

[52] SLIWCZYNSKI L, KOŁODZIEJ J. Bidirectional optical amplification in long-distance two-way fiber-optic time and frequency transfer systems[J]. IEEE Transactions on Instrumentation and Measurement, 2013, 62(1): 253-262.

[53] 李晓亚, 朱勇, 卢麟, 等. 高精度光纤时频伺服传递实验研究[J]. 光学学报, 2014, 34(5): 0506004.

[54] LIU Q, CHEN W, XU D, et al. Simultaneous frequency transfer and time synchronization over a cascaded fiber link of 230km[J]. Chinese Journal of Lasers, 2016, 43(3): 0305006.

[55] 刘涛, 刘杰, 邓雪, 等. 光纤时间频率信号传递研究[J]. 时间频率学报, 2016, 39(3): 207-215.

[56] 陈法喜, 赵侃, 周旭, 等. 长距离多站点高精度光纤时间同步[J]. 物理学报, 2017, 66(20): 1-9.

[57] 杨文哲, 王海峰, 张升康, 等. 光纤双向时间同步系统不确定度评定[J]. 光通信技术, 2019, 43(6): 30-33.

[58] KORNEYEV V A, EPICTETOV L A, SIDOROV V V. Time & frequency coordination using unsteady, variable-precision measurements on meteor burst synchronization and communication equipment[C]. 2003 IEEE International Frequency Control Symposium and PDA Exhibition Jointly with the 17th European Frequency and Time Forum, Tampa, Florida, 2003, 285-289.

[59] KORNEEV V, SIDOROV V. Optimization of concurrent data and high-precision time transfer modes in meteor burst synchronization equipment[C]. IEEE International Frequency Control Symposium Joint with the 21st European Frequency and Time Forum, Geneva, 2007: 923-926.

[60] 刘强, 孙际哲, 陈西宏, 等. 对流层双向时间比对及其时延误差分析[J]. 测绘学报, 2014, 43(4): 341-347.

[61] 陈西宏, 刘强, 孙际哲, 等. 基于对流层散射信道的双向时间比对方法: ZL201318005828.2[P]. 2016-3-16.

[62] 陈西宏, 刘赞, 刘强, 等. 对流层散射双向时间比对中对流层斜延迟估计[J]. 国防科技大学学报, 2016, 38(2): 171-176.

# 第2章 卫 星 授 时

卫星授时通过卫星信道传输时间比对信号来实现高精度时间同步，可采用卫星单向时间比对授时、卫星双向时间（频率）比对授时、卫星共视授时、卫星全视授时等方法实现，具有授时距离远、授时精度高和应用广泛等特点，是远距离授时的一种主要方式。

## 2.1  卫星单向时间比对授时

### 2.1.1  卫星单向时间比对授时原理

单向时间比对原理[1]如图 2.1 所示。

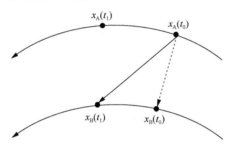

图 2.1  单向时间比对原理示意图

由图 2.1 可知，在 A 站 $t_0$ 时刻（A 站钟面时刻为 $T_A$）向 B 站发送比对信号，经传播后在 $t_1$ 时刻（B 站钟面时刻为 $T_B$）到达接收站 B 站，可测得时延值 $R_{AB}$，根据无线电时间比对原理可知，两站钟差为

$$\begin{cases} \Delta T_{AB} = R_{AB} - \tau_{AB} \\ R_{AB} = T_B(t_1) - T_A(t_0) \end{cases} \tag{2.1}$$

要获得两站之间的钟差 $\Delta T_{AB}$，关键在于获得发射和接收之间的坐标时间隔 $\tau_{AB} = t_1 - t_0$。

单向时间比对法是其他时间比对方法和授时的基础，影响单向时间比对精度的因素包括传播介质时延、几何时延和相对论时延等三部分[1,2]。

卫星单向时间比对授时是单向时间比对中的一种，其原理如图 2.2 所示[3]。

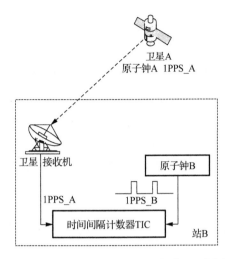

图 2.2　卫星单向时间比对授时原理示意图

　　由图 2.2 可知，站 B 接收卫星播发的星历等数据，通过计算输出 1PPS_A 至本地站时间间隔计数器（time interval counter，TIC），作为 TIC 的开门信号；本地站原子钟 B 输出 1PPS_B 作为 TIC 的关门信号，通过解算，可获得本站原子钟 B 与卫星星载原子钟之间的钟差为

$$\begin{cases} \Delta T_{AB} = \dfrac{\rho - r}{c} + t_{TIC} + t_{rec} - T \\ T = t_{ion} + t_{trop} \end{cases} \tag{2.2}$$

式中，$\rho$ 表示伪距；$r$ 表示卫星 A 与站 B 之间的几何距离；$c$ 表示真空中的光速；$t_{TIC}$ 表示 TIC 记录的前后开门和关门的时间间隔；$t_{rec}$ 表示接收机接收时延；$T$ 表示大气传播时延，包括电离层时延 $t_{ion}$ 和对流层时延 $t_{trop}$ 两部分。

## 2.1.2　卫星单向时间比对授时误差

　　伪距 $\rho$ 可通过卫星星历进行解算而获得，距离 $r$ 可通过卫星星历有关卫星位置坐标结合测站 B 的位置进行解算来获得，$t_{TIC}$ 可直接通过 TIC 读取出来，$t_{rec}$ 可事先通过仪器测量获得，而大气传播时延 $T$ 需要进行估算。

　　卫星单向时间比对方法误差主要有以下几方面影响因素：

　　（1）测量误差。主要包括接收机测量误差和 TIC 测量误差，可通过多次测量并进行平滑处理减小测量误差。

　　（2）星历误差。主要包括卫星位置/速度误差两部分，属于系统误差的一部分。

（3）传播时延误差。电离层和对流层传播时延误差也是影响卫星单向时间比对精度的重要来源，可通过相关模型进行改进计算从而提高估算精度[4-7]。

## 2.2 卫星双向时间比对授时

双向时间比对（two way time transfer，TWTT）法是一种常用的授时比对方法，精度高、应用广泛，其几何关系图如图 2.3 所示。

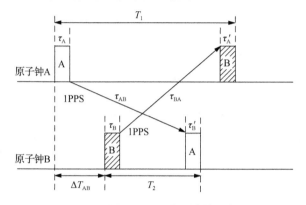

图 2.3 双向时间比对原理几何关系图

由图 2.3 可知，A、B 两站分别配置高精度原子钟 A、B，在同一时刻分别向对方发送 1PPS 信号，A 站信号经过 $\tau_{AB}$ 后到达 B 站，同理，B 站信号经过 $\tau_{BA}$ 后到达 A 站，A 站从发送 1PPS 信号到接收到 B 站的 1PPS 信号的时间间隔为 $T_1$，B 站从发送 1PPS 信号到接收到 A 站的 1PPS 信号的时间间隔为 $T_2$，$\tau_A$、$\tau_A'$ 和 $\tau_B$、$\tau_B'$ 分别为 A 站和 B 站的发射设备时延与接收设备时延。

由图 2.3 可得

$$T_1 = \tau_B + \tau_{BA} + \tau_A' + \Delta T_{AB} \tag{2.3}$$

$$T_2 = \tau_A + \tau_{AB} + \tau_B' - \Delta T_{AB} \tag{2.4}$$

用式（2.3）减去式（2.4）可得两站钟源钟差为

$$\Delta T_{AB} = \frac{1}{2}[(T_1 - T_2) + (\tau_A - \tau_B) + (\tau_B' - \tau_A') + (\tau_{AB} - \tau_{BA})] \tag{2.5}$$

由于 A、B 两站同时发射信号，信号经历传播路径大致相同，传播时延近似相等，即 $\tau_{AB} \approx \tau_{BA}$，则式（2.5）可简化为

$$\Delta T_{AB} = \frac{1}{2}[(T_1 - T_2) + (\tau_A - \tau_B) + (\tau_B' - \tau_A')] \tag{2.6}$$

从时间间隔计数器读数可得到 $T_1$ 和 $T_2$，发射和接收设备时延可以预先测定，因而两站间本地钟差可以根据上述原理求得。

### 2.2.1 卫星双向时间比对授时原理及误差

卫星双向时间比对（two way satellite time transfer, TWSTT）法是在双向时间比对基础上，采用 GEO 卫星信道作为 1PPS 比对信号的传输通道，从而实现分布站点的高精度时间同步，其原理图如图 2.4 所示。

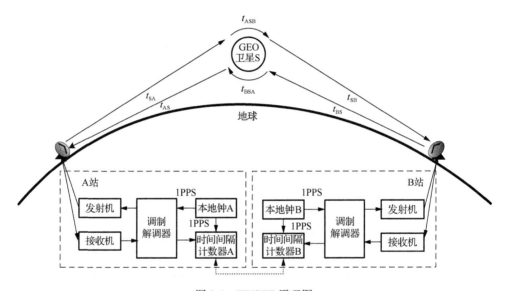

图 2.4　TWSTT 原理图

A、B 两站同时向对方站发送 1PPS 信号，同时 TIC 开始计数，信号经调制解调器调制后，由发射机发射，卫星站的转发下行到达对方站的接收机，通过解调等处理后送至 TIC，此时 TIC 停止计数，设此时两站的计数值分别为 $\mathrm{TIC_A}$ 和 $\mathrm{TIC_B}$，$t_{AS}$、$t_{SA}$ 和 $t_{BS}$、$t_{SB}$ 分别表示信号在 A 站和 B 站与卫星 S 之间的上行、下行传输时延，$t_{ASB}$ 和 $t_{BSA}$ 表示卫星转发时延，结合双向时间比对原理，可得 A、B 两站钟源钟差 $\Delta T_{AB}$ 为

$$\Delta T_{AB} = \frac{1}{2}\left[(t_{AS}-t_{SA})+(t_{SB}-t_{BS})+(t_{ASB}-t_{BSA})+(\tau_A-\tau_B)+(\tau'_B-\tau'_A)\right]$$
$$+\frac{1}{2}(\mathrm{TIC_A}-\mathrm{TIC_B})-\frac{2\omega S}{c^2} \tag{2.7}$$

式中，$(t_{AS}-t_{SA})$、$(t_{SB}-t_{BS})$ 为空间传播时延误差；$(t_{ASB}-t_{BSA})$ 为卫星转发时延

误差；$(\tau_A - \tau_B)$、$(\tau'_B - \tau'_A)$ 为地面站设备时延误差；$\frac{1}{2}(\mathrm{TIC}_A - \mathrm{TIC}_B)$ 为 TIC 读数；$\frac{2\omega S}{c^2}$ 为 Sagnac 效应时延项。

卫星转发时延约 80ps，一般可抵消；设备时延可预先测得，一般在 300～700ps[8]；Sagnac 效应时延项是一种相对论时延项，其中，$\omega$ 为地球自转角速度，$c$ 为光速，$S$ 为卫星、地心、两观测站连线构成的多边形在赤道面上的投影面积，该项一般在数十至百皮秒量级，与具体比对情况相关，计算钟源钟差时需对 Sagnac 效应时延进行校对[1, 9-13]。

卫星空间延迟主要包括电离层延迟和对流层延迟，前者一般可通过双频接收体制抵消，而估计和修正后者是关键。对流层延迟一般可表示为对流层天顶延迟（zenith tropospheric delay，ZTD）与映射函数的乘积[14, 15]，即

$$\Delta\delta = \Delta\delta_z \cdot \mathrm{MF}(\theta) \tag{2.8}$$

其中，$\Delta\delta_z$ 表示天顶总延迟；$\mathrm{MF}(\theta)$ 表示与电波入射角 $\theta$ 相关的映射函数。目前已有多个映射函数模型，如 CFA2.2 模型、Marini 模型及 VMF1 模型等。ZTD 可具体细分为干项 $D_d^z$ 和湿项 $D_w^z$，二者均可通过对流层折射率在天顶方向上的积分求得[16-18]，即

$$\begin{cases} D_d^z = 10^{-6} \times \int_{h_0}^{H_d} N_{dh}\mathrm{d}h \\ D_w^z = 10^{-6} \times \int_{h_0}^{H_w} N_{wh}\mathrm{d}h \end{cases} \tag{2.9}$$

其中，$N_{dh}$ 和 $N_{wh}$ 分别表示干折射指数和湿折射指数；$H_d$、$H_w$ 分别表示干、湿大气的层顶高度；$h_0$ 表示地表海拔。

除利用式（2.9）估计 ZTD 外，下面简单介绍几种常用 ZTD 和映射函数模型。

### 1. Hopfield 模型

Hopfield 模型[19]的关键是利用 Hopfield 折射率函数结合式（2.9）计算 ZTD，最终得到的 $D_d^z$ 和 $D_w^z$ 可分别表示为

$$\begin{cases} D_d^z = 1.552 \times 10^{-5} \times \dfrac{P_0}{T_0}(H_d - h_0) \\ D_w^z = 7.465 \times 10^{-2} \times \dfrac{e_0}{T_0^2}(H_w - h_0) \end{cases} \tag{2.10}$$

### 2. Saastamoinen 模型

Saastamoinen 模型[20]认为对流层高 10km 以上的温度变化率为常数，低于 10km

大气的温度变化率取 6.5°C/km，经过折射率积分最终得 ZTD 为

$$\begin{cases} D_{\mathrm{d}}^z = 0.002277 \times \dfrac{P_0}{f(\varphi, h_0)} \\[3mm] D_{\mathrm{w}}^z = 0.002277 \times \dfrac{e_0}{f(\varphi, h_0)} \left( \dfrac{1255}{T_0} + 0.05 \right) \end{cases} \tag{2.11}$$

其中，$f(\varphi, h_0) = 1 - 0.00266 \cos(2\varphi) - 0.00028 h_0$，此处 $\varphi$ 表示测站所在纬度。Hopfield 模型和 Saastamoinen 模型均依赖地表气象数据的测量，且两模型处理湿延迟较为简单，前者将干湿折射率随高度的变化规律视为一致，后者的分层理论没有反映复杂多变的湿延迟变化规律。湿延迟误差是影响模型整体精度的主要因素，上述两模型湿延迟估计误差占总误差的 80%～90%。

### 3. Askne 模型

Askne 模型[14, 21]考虑了湿度随高度的变化规律，估计湿延迟精度较 Hopfield 模型和 Saastamoinen 模型有所提高，Askne 模型将湿延迟 $D_{\mathrm{w}}^z$ 估计为

$$D_{\mathrm{w}}^z = \frac{10^{-6} \cdot (T_{\mathrm{m}} k_1 + k_2) R_{\mathrm{d}}}{g_{\mathrm{m}} \cdot \lambda + \mathrm{d}T \cdot R_{\mathrm{d}}} \cdot \left( 1 + \frac{\mathrm{d}T}{T_0} h_0 \right)^{1 - \frac{\lambda \cdot g_{\mathrm{m}}}{\mathrm{d}T \cdot R_{\mathrm{d}}}} \cdot \frac{e_0}{T_0} \tag{2.12}$$

其中，$k_1 = 16.6 \mathrm{K} \cdot \mathrm{hPa}^{-1}$；$k_2 = 377600 \mathrm{K}^2 \cdot \mathrm{hPa}^{-1}$；$\mathrm{d}T$ 为温度变化率；$\lambda$ 为湿度变化率；$T_{\mathrm{m}}$ 为加权平均温度，具体可表示为

$$T_{\mathrm{m}} = \frac{\displaystyle\int_{h_0}^{\infty} e_h / T_h \mathrm{d}h}{\displaystyle\int_{h_0}^{\infty} e_h / T_h^2 \mathrm{d}h} \tag{2.13}$$

由式（2.12）及式（2.13）可知，利用 Askne 模型估计 ZWD 必须提前获得气象参数 $\mathrm{d}T$、$\lambda$ 以及 $T_{\mathrm{m}}$。除上述有具体表达式的延迟模型外，研究人员还提出利用神经网络挖掘历史 ZTD 数据，该方法估计精度较好，但训练神经网络需要的大量历史数据不易获取。

### 4. CFA2.2 模型

CFA2.2 模型[22]由 Davis 等提出，具体表达式如下：

$$M(\theta) = \frac{1}{\sin\theta + \dfrac{a}{\tan\theta + \dfrac{b}{\sin\theta + c}}} \tag{2.14}$$

其中，$\theta$ 表示电波仰角；参数 $a$、$b$、$c$ 有干湿之分，均与地表气象数据和对流层顶高度相关，具体可表示为

$$
\begin{cases}
\begin{aligned}
a = {} & 1.185 \times 10^{-3}[1 + 6.071 \times 10^{-5}(P_0 - 1000) \\
& - 1.471 \times 10^{-4} e_{w0} + 3.072 \times 10^{-4}(T_0 - 20) \\
& + 1.956 \times 10^{-2}(\beta + 6.5) - 5.645 \times 10^{-4}(H_T - 11.231)]
\end{aligned} \\[2ex]
\begin{aligned}
b = {} & 1.144 \times 10^{-3}[1 + 1.164 \times 10^{-5}(P_0 - 1000) \\
& - 2.795 \times 10^{-4} e_{w0} + 3.109 \times 10^{-4}(T_0 - 20) \\
& + 3.038 \times 10^{-2}(\beta + 6.5) - 1.217 \times 10^{-4}(H_T - 11.231)]
\end{aligned} \\[2ex]
c = -0.0090
\end{cases}
\tag{2.15}
$$

其中，气象参数符号具体定义保持不变；$H_T$ 表示干湿对流层层顶高度；$\beta$ 表示温度随高程递减率。

### 5. MTT 模型

Herring 等根据位于北美的 10 个测站记录的数据，提出了 MTT 模型[23]，具体可表示为

$$
M(\theta) = \frac{1 + \dfrac{a}{1 + \dfrac{b}{1 + c}}}{\sin\theta + \dfrac{a}{\sin\theta + \dfrac{b}{\sin\theta + c}}}
\tag{2.16}
$$

其中，参数 $a$、$b$、$c$ 与测站所处纬度、海拔以及温度密切相关。

### 6. VMF1 模型

Boehm 等根据多年积累的实测数据，于 2004 年提出了 VMF1 模型[24]，被认为是精度和可靠度高的映射函数，具体表达式为

$$
M(\theta) = \frac{1}{\sin\theta + \dfrac{a}{\sin\theta + \dfrac{b}{\sin\theta + c}}}
\tag{2.17}
$$

其中，干、湿映射函数对应的参数 $a_d$ 与 $a_w$ 具体值可从维也纳大学网站 http://ggosatm.

hg.tuwien.ac.at 下载；$b_d$ 与 $b_w$ 通常为常数，一般取为 0.002905 和 0.00146；$c_w$ 通常取为 0.04391，$c_d$ 可表示为

$$c_d = c_0 + \left\{ \left[ \cos\left( \frac{t-28}{365} \times 2\pi + \psi \right) + 1 \right] \times \frac{c_{11}}{2} + c_{10} \right\} \times (1 - \cos\Phi) \quad (2.18)$$

其中，参数 $c_0$、$c_{10}$、$c_{11}$ 以及 $\psi$ 有南北半球之分，均可通过维也纳大学网站查询得到。

根据式（2.9）可知，若能精确获取对流层干湿折射率（$N_{dh}$ 和 $N_{wh}$），即可通过积分运算获取较为精确的 ZTD。$N_{dh}$ 及 $N_{wh}$ 可根据干、湿对流层层顶高度的气象参数准确估计，精度较高的表达式可表示为

$$\begin{cases} N_{dh} = k_1 \dfrac{P(h)}{T(h)} \\ N_{wh} = (k_2 - k_1) \dfrac{e(h)}{T(h)} + k_3 \dfrac{e(h)}{T^2(h)} \end{cases} \quad (2.19)$$

其中，$k_1 = 77.604\text{K/Pa}$；$k_2 = 64.79\text{K/Pa}$；$k_3 = 377600\text{K}^2/\text{Pa}$；气象参数 $T(h)$、$P(h)$ 及 $e(h)$ 可通过两种方案获取：一是通过探空气球直接测得，二是根据地表气象参数及其高度变化率获取。前者受探空气球限制，推广性不高，后者地表气象数据易获取，但对应的垂直变化率不易测得。GPT2w 气象模型[14, 15, 25-27] 由 Boehm 提出，经纬度分辨率达到了 1°×1°，该模型除可输出地表的气温、气压以及水汽压外，也能有效输出气象变化率 $dT$、$\lambda$ 等参数，具体表达式可表示为

$$r(t) = A_0 + A_1 \cos\left( \frac{2\pi \cdot \text{DOY}}{365.25} \right) + B_1 \sin\left( \frac{2\pi \cdot \text{DOY}}{365.25} \right)$$
$$+ A_2 \cos\left( \frac{4\pi \cdot \text{DOY}}{365.25} \right) + B_2 \left( \frac{4\pi \cdot \text{DOY}}{365.25} \right) \quad (2.20)$$

其中，输入参数 DOY 表示年积日；参数 $A_0$、$A_1$、$B_1$、$A_2$ 和 $B_2$ 表示地面 1°×1° 经纬网格四个端点对应的参数。在应用 GPT2w 气象模型估计目标位置对应的气象参数时，首先确定所属网格，并根据式（2.20）得出网格四端点的气象参数值，然后可双线性内插得到目标处气象参数值。双线性内插气象数据 $Z(\lambda, \varphi)$ 的过程如下：

$$Z(\lambda, \varphi) = Q_{00} \cdot Z_{00} + Q_{10} \cdot Z_{10} + Q_{01} \cdot Z_{01} + Q_{11} \cdot Z_{11} \quad (2.21)$$

其中，$\varphi$、$\lambda$ 表示目标位置对应的经纬度；$Z_{ij}$ 表示网格四端点处气象参数值，包括地表处的气温、气压和水汽压以及气象垂直变化率 $dT$、$\lambda$ 等；$Q_{ij}$ 具体可表示为

$$
\begin{cases}
Q_{00} = (1-p)(1-q) \\
Q_{01} = (1-p)q \\
Q_{10} = p(1-q) \\
Q_{11} = pq
\end{cases}
\tag{2.22}
$$

其中，$p = (\lambda - \lambda_{00})/(\lambda_{11} - \lambda_{00})$；$q = (\varphi - \varphi_{00})/(\varphi_{11} - \varphi_{00})$。$\lambda_{00}$、$\varphi_{00}$ 表示网格中左下角端点的经纬度，参数 $\lambda_{11}$、$\varphi_{11}$ 表示网格中右上角端点的经纬度。上述线性内插可得目标处气象参数随高度的变化率，结合已知的地表气象数值，即可得任意高度处的气象数据，即

$$
\begin{cases}
T(h) = T_0 + dT \cdot dh \\
e(h) = e_0 \cdot (100 \cdot P/P_0)^{\lambda+1} \\
P(h) = P_0 \cdot \exp\{-g_m \cdot dM_{tr}/[R_g \cdot T_0 \cdot (1 + 0.6077Q)] \cdot dh\}/100
\end{cases}
\tag{2.23}
$$

其中，$g_m = 9.80665 \mathrm{m/s}^2$；$dM_{tr} = 0.028965 \mathrm{kg/mol}$；$R_g = 8.3143 (\mathrm{J/K})/\mathrm{mol}$；测站地表气象参数 $T_0$、$P_0$ 及 $e_0$ 值可通过相关设备测量，也可通过 GPT2w 双线性插值获取；气象变化率 $dT$ 及 $\lambda$ 通过 GPT2w 双线性插值获取。在获得测站上空任意高处的 $T(h)$、$P(h)$ 及 $e(h)$ 后，可进一步得到天顶延迟 ZTD，图 2.5 示出了数据融合估计 ZTD 方法的两种思路。

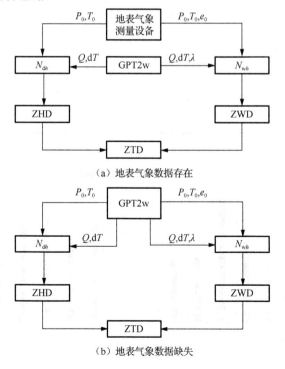

（a）地表气象数据存在

（b）地表气象数据缺失

图 2.5  多源数据融合估计 ZTD 方法

由图 2.5 可知，地表气象数据可通过相关测量设备测得，相关气象数据随高度变化率可通过 GPT2w 模型获取，而后可根据上述参数得到干湿折射率，对折射率在天顶方向上积分即可得 ZTD，积分所需的天顶高度计算方法与 Hopfield 模型一致，将这种估计方法称为模型 A。当地面气象测量设备不存在时，GPT2w 输出所需的所有气象参数，其余过程同模型 A 保持一致，称为模型 B。

为减少系统的储存空间，GPT2w 模型分辨率除 1°×1° 外，还提供了 5°×5° 分辨率。为评估两种不同分辨率的模型，选取隶属我国的八个 IGS 测站，表 2.1 给出了地域跨度大、海拔和气候差异明显的测站信息。利用两种不同的 GPT2w 模型计算八个测站全年气象数据，并与 IGS 实测值比较。图 2.6 示出了全年平均误差，5° 分辨率的估计精度要逊于 1° 分辨率，对于个别站，两种分辨率的估计精度差距不大。

表 2.1　我国八个测站信息

| 测站 | 编号 | 经度/(°) | 纬度/(°) | 海拔/m |
|---|---|---|---|---|
| BJFS | 1 | 115.88 | 39.60 | 98.3 |
| XIAN | 2 | 108.98 | 34.17 | 509.1 |
| SHAO | 3 | 121.20 | 31.92 | 22.00 |
| LHAS | 4 | 91.10 | 29.63 | 3622.0 |
| TWTF | 5 | 121.16 | 24.95 | 203.1 |
| KUNM | 6 | 102.80 | 25.03 | 2019.0 |
| URUM | 7 | 87.61 | 43.81 | 858.8 |
| WUHN | 8 | 114.35 | 30.52 | 25.8 |

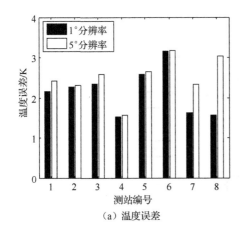

（a）温度误差

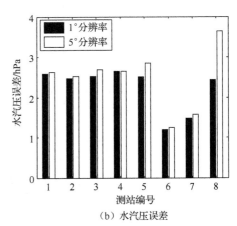

（b）水汽压误差

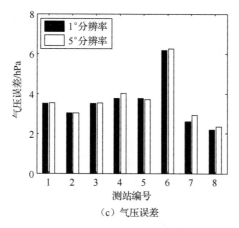

(c) 气压误差

图 2.6　不同分辨率 GPT2w 估计气象数据误差

　　为验证所提 ZTD 估计方案在我国区域内的精度，依旧利用表 2.1 所列的我国八个测站。除可提供实测地表气象数据以外，IGS 还能输出测站全年 ZTD 值，利用不同模型计算 ZTD 并与 IGS 实测值对比，表 2.2 示出了模型的年平均误差。其中，模型 A 表示本书所提的融合估计模型，地表气象数据来源于实测数据，变化率来源于 GPT2w 模型；模型 B 也表示本书所提的融合模型，地表气象数据来源于 GPT2w 模型；Sa 模型代表传统的 Saastamoinen 模型，所用气象数据来源于实测设备；文献[18]模型表示改进 Sa 模型，其所用气象数据由 GPT2w 模型提供。经比较发现，模型 A 与 Sa 模型类似，模型 B 与文献[18]模型类似。

　　由表 2.2 可知，针对所有测站，模型 A 和 B 较同类模型在估计精度上均有提高，模型 A 的年平均误差较 Sa 模型减少了 5.9mm，模型 B 年平均误差较文献[18]模型减少了 7.6mm，选取其中四个测站，图 2.7 示出了 A 和 B 两模型估计的全年天顶延迟。

表 2.2　不同模型 ZTD 年平均误差　　　　　　（单位：cm）

| 测站 | Sa 模型 | 模型 A | 文献[18] | 模型 B |
|---|---|---|---|---|
| BJFS | 1.74 | 1.25 | 3.32 | 2.28 |
| XIAN | 3.14 | 2.48 | 3.48 | 3.07 |
| SHAO | 3.63 | 3.28 | 4.98 | 3.66 |
| LHAS | 1.22 | 1.16 | 2.56 | 2.02 |
| TWTF | 4.03 | 3.44 | 4.39 | 3.72 |
| KUNM | 2.17 | 1.30 | 3.09 | 2.09 |
| URUM | 1.77 | 1.04 | 2.53 | 1.51 |
| WUHN | 4.22 | 3.39 | 5.16 | 4.20 |
| 平均值 | 2.74 | 2.15 | 3.57 | 2.81 |

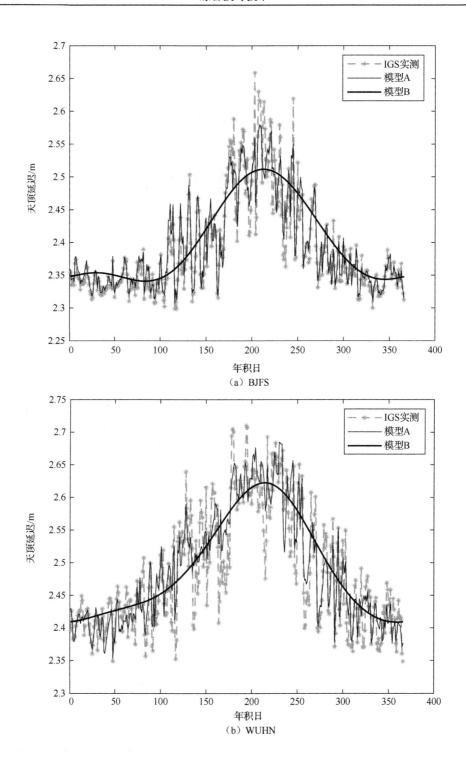

（a）BJFS

（b）WUHN

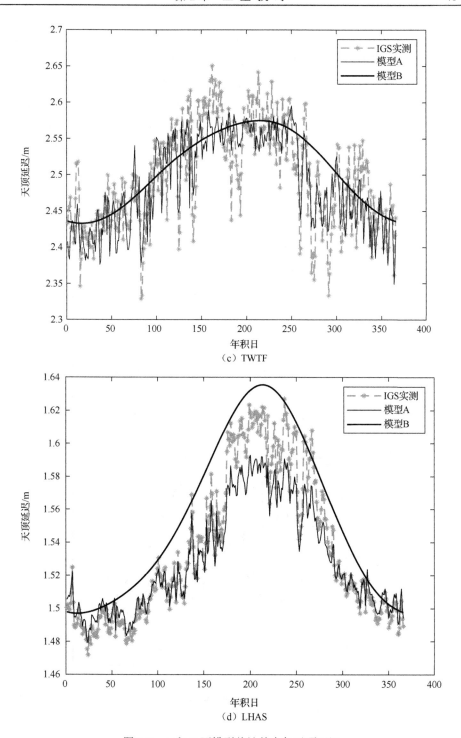

（c）TWTF

（d）LHAS

图 2.7 A 和 B 两模型估计的全年天顶延迟

由图 2.7 可知，模型 A 的输入来源于实测地表气象数据，故能更好地描述 ZTD 细节，GPT2w 模型只能估计出气象数据全年变化大趋势，时间分辨率较差，故模型 B 结果较为平滑。拥有最高海拔的 LHAS 站延迟要明显低于其余测站，这主要是 LHAS 测站较高的海拔导致折射率积分区间变小，且该站全年干燥气候也能有效降低 ZTD。图 2.8 示出了不同模型的 ZTD 月估计误差，可以看出夏季误差较大，在气候变化明显的测站尤为明显，原因主要在于夏季空气湿润，湿延迟所占比例增大，而湿延迟误差主导着总误差。

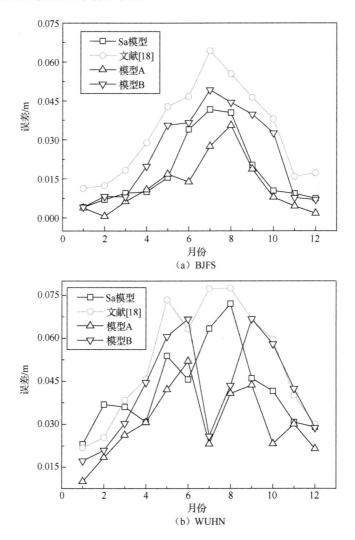

（a）BJFS

（b）WUHN

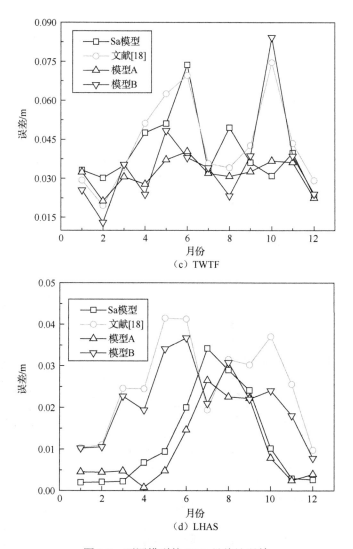

图 2.8 不同模型的 ZTD 月估计误差

为直观描述测站海拔对估计误差的影响,按海拔升序排列各站,图 2.9 示出了年平均误差与测站海拔的关系。

由图 2.9 可知,误差随海拔的增加有变小的趋势,这主要是高海拔导致电波路径有效缩短,且我国多数海拔高的测站空气干燥,湿延迟所占比例相对减小。为描述年平均误差与经纬度的关系,将测站按经/纬度升序排列,年估计误差如图 2.10 所示。可以看出,我国范围内的测站经度越低,位置越偏西,其干燥空气导致湿延迟越小,从而模型估计误差较小,反之潮湿的南方对应纬度一般较低,空气湿度较大,湿延迟所占比例增大,模型估计误差较大。

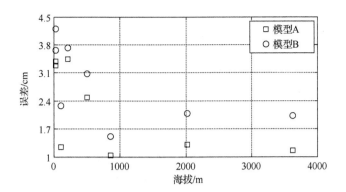

图 2.9　模型年平均误差与测站海拔的关系

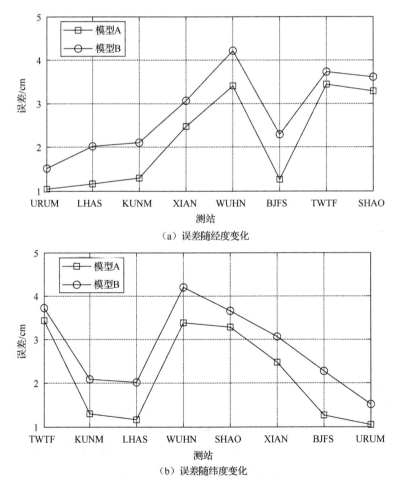

（a）误差随经度变化

（b）误差随纬度变化

图 2.10　不同模型年估计误差（测站按经/纬度升序排列）

## 2.2.2　卫星双向时间比对授时系统组成

由图 2.4 可知，卫星双向时间比对授时系统主要由卫星、天线、发射机/接收机、调制解调器、本地原子钟和 TIC 等部分组成[28-31]。

卫星要具备信号转发功能，一般采用 GEO 卫星进行比对。目前大多数卫星星载转发器是"透明"的，即只对信号进行转发，除了对接收信号进行必要的放大外，不进行其他处理，将接收的上行信号转发形成下行信号，信号流图类似于弯管，因此称该转发器为弯管式转发器，其结构简单，性能稳定。TWSTT 采用的是弯管式转发器。随着科技的进行和卫星业务的发展，对卫星信道容量、通信质量、频谱利用率、链路效率和抗干扰性能等方面提出了新的要求，出现了具有星上处理/交换能力的非透明转发器，将进一步拓展卫星的应该领域。

天线又称为甚小口径卫星终端，与发射机/接收机一起，完成对信号的上/下变频，并对信号进行功率放大/低噪放大，最终发送/接收射频信号。甚小口径卫星终端主要由上/下变频器、功率放大器（功放）、低噪放大器、馈源和天线阵面等部分组成，如图 2.11 所示。

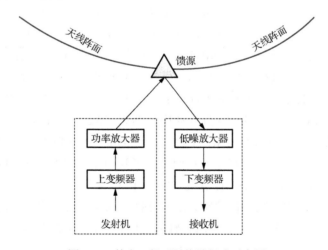

图 2.11　甚小口径卫星终端组成示意图

图 2.11 中，上变频器完成对调制解调器输出的调制信号的上变频后，将该信号送至功率放大器，完成对射频信号的进一步放大，最终通过馈源将该信号发射出去。同时，通过馈源也可接收卫星的下行信号，通过低噪放大器进行放大后，将该信号送至下变频器进行下变频，然后传输至调制解调器进行解调。馈源是天线的核心，利用双工器完成对发射信号和接收信号的分离。

调制解调器具有完成调制本地钟产生的 1PPS 信号和解调接收机输出的中频

信号的功能，主要采用的调制解调器型号有 MITREX2500、SATRE Modem、NIST Modem 和 NICT Modem 等[31]。本地原子钟主要输出 1PPS 信号，1.1.2 小节有详细介绍，本节不再论述。TIC 主要计量开关门信号之间的时间间隔。

### 2.2.3 卫星双向时间比对授时应用

各时间实验室之间进行 TAI/UTC 等标准时间计算时普遍采用的方法是卫星双向时间比对方法，该方法是各时间实验室之间进行远距离时间比对的主要手段和方法，因此全球不同地方的时间实验室之间根据需要建立了 TWSTT 网络链路。参与 TAI/UTC 计算的时间实验室共 66 个，含 355 台原子钟和 12 个频率基准，主要分布在欧洲、北美和亚太等地区[31]。

欧洲参与 TAI/UTC 计算的 TWSTT 实验室主要包括法国巴黎天文台（OP）、德国物理技术研究院（PTB）、西班牙皇家海军天文台（ROA）、意大利国家计量院（IT）、瑞典国家技术研究所（SP）、瑞士联合实验室（CH）、波兰空间研究中心天文台（AOS）和荷兰国家计量院（VSL）等 8 个实验室。法国国际权度局（BIPM）是世界 TAI/UTC 的归算中心。

亚太地区参与 TAI/UTC 计算的 TWSTT 实验室主要包括中国科学院国家授时中心（NTSC）、中国计量科学研究院（NIM）、中国台湾电信时间实验室（TL）、日本国家信息与通信研究院（NICT）、日本计量院（NMIJ）、韩国标准科学研究院（KRISS）、新加坡标准生产与创新机构（SG）和澳大利亚实验室联盟（AUS）等 8 个实验室，其中 NICT 是亚太地区的主要节点，与其他 7 个实验室均有双向比对链路。NTSC 于 1998 年 10 月开通中日两国 TWSTT 链路，后续开通了与欧洲部分时间实验室（如 OP、VSL、PTB 等）之间的 TWSTT 链路，提高了 NTSC 参与国际 TAI 时间归算中的权重，从而提升了我国在时间领域的国际话语权。

北美地区参与 TAI/UTC 计算的 TWSTT 实验室主要包括美国海军天文台（USNO）和美国国家标准与技术研究院（NIST），前者是主要节点，建立了与 PTB 等实验室的双向比对链路和部分冗余链路，其对 TAI 贡献排名第一（见图 1.7）。

## 2.3 卫星共视比对授时和卫星全视比对授时

### 2.3.1 卫星共视比对授时原理

卫星共视（common view，CV）法是两个不同位置的观察者，在同一时刻观测同一颗卫星，从而实现时间同步的方法[32, 33]，其原理如图 2.12 所示。

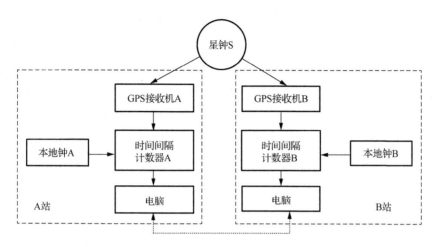

图 2.12 卫星共视法原理图

由图 2.12 可知，设星钟 S 与两地面站的本地钟源 A、B 的钟差分别为 $\Delta T_{AS}$ 和 $\Delta T_{BS}$，星钟 S 在同一时刻同时向 A、B 两站发送 1PPS 信号，与此同时 A、B 两站的时间间隔计数器开始计数，经过 $\Delta t_1$ 和 $\Delta t_2$ 时长后卫星 1PPS 信号分别到达 A 站和 B 站，此时时间间隔计数器 TICA 和 TICB 分别停止计数，对应的读数分别为 $\mathrm{TIC_A}$ 和 $\mathrm{TIC_B}$，其几何关系如图 2.13 所示。

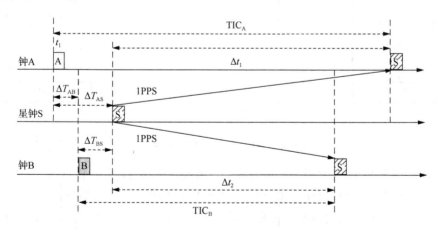

图 2.13 卫星共视法几何关系图

由图 2.13 可知，钟 A 与星钟 S 间的钟差为

$$\Delta T_{AS} = \mathrm{TIC_A} - \Delta t_1 \tag{2.24}$$

钟 B 与星钟 S 间的钟差为

$$\Delta T_{BS} = \mathrm{TIC_B} - \Delta t_2 \tag{2.25}$$

由式（2.24）和式（2.25）可得，钟 A、B 间的钟差为

$$\Delta T_{AB} = (\text{TIC}_A - \text{TIC}_B) - (\Delta t_1 - \Delta t_2) \tag{2.26}$$

卫星共视法在同一时刻观测同一颗星钟，既能消除卫星星载钟源误差，又能降低卫星星历误差对同步精度的影响，同时也可抵消部分电离层延迟误差和对流层延迟误差，因而卫星共视时间比对是一种精度较高、较易实现的时间同步方法[34]。

卫星共视时间比对具体可通过图 2.14 实现[35]。

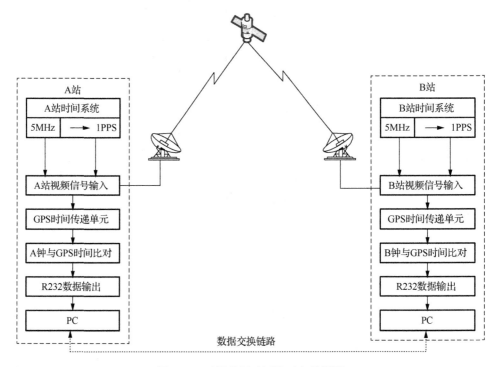

图 2.14　卫星共视时间比对实现框图

图 2.14 中以 GPS 卫星为例进行说明，通过共视比对，分别获得 A、B 两站与 GPST 之间的钟差为 $T_A(t) - \text{GPST}(t)$ 和 $T_B(t) - \text{GPST}(t)$，通过数据交换链路，可消除对两站相同影响的 SA 误差和卫星星载钟源钟差，同时也可抵消部分电离层时延误差和星历误差，得到两站间钟差为 $\Delta T_{AB}(t) \approx T_A(t) - T_B(t)$。

为了对共视比对数据处理进行标准化操作，时间频率咨询委员会（Consultative Committee for Time and Frequency，CCTF）在时间比对标准 CGGTTS V01（针对 GPS）和 CGGTTS V02（加入了 GLONASS）的基础上，于 2015 年增加了 BD 和 Galileo 星历信息，形成了 CGGTTS V2E，可与历史版本兼容，同时可实现不同 GNSS 系统卫星之间完成共视比对。CGGTTS 文件主要参数信息如表 2.3 所示[36]。

表 2.3　CGGTTS 文件参数信息表

| 参数 | 意义 | 参数 | 意义 |
|---|---|---|---|
| SAT | 卫星伪随机编码号 | DSG | REFSYS 实际值与拟合值残差的均方根 |
| MJD | 修正的儒略日 | MDTR | 实际跟踪长度中点对流层延迟 |
| STTIME | 跟踪卫星起始时刻 | SMDT | 对 MDTR 值进行线性拟合后的斜率 |
| ELV | 实际跟踪长度中点所对应的卫星仰角 | MDIO | 实际跟踪长度中点电离层引入的时延 |
| AZTH | 实际跟踪长度中点所对应的卫星方位角 | SMDI | 对 MDIO 值进行线性拟合后的斜率 |
| REFSV | 实际跟踪长度中点处本地与卫星钟差 | MSIO | 实际跟踪长度中点实测的电离层时延 |
| SRSV | 对 REFSV 值进行线性拟合后的斜率 | SMSI | 对 MSIO 值进行线性拟合后的斜率 |
| REFSYS | 实际跟踪长度中点处本地与导航系统参考时间钟差 | ISG | MSIO 实际值相对拟合直线上的值残差的均方根 |
| SRSYS | 对 REFSYS 值进行线性拟合后的斜率 | CK | 对所有参数的数据校正 |

卫星共视在 CGGTTS 时间比对标准框架下组织实施，在连续跟踪一颗或者多颗卫星的基础上，共视周期为 16min，13min 进行视距采集，2min 数据处理，1min 空闲，具体数据采集与处理方法为：采集周期为 1s 的 13min 观测数据进行处理（共780 个），每 15 个数据进行二次多项式拟合，并将拟合结果做各项误差修正，得拟合中间值，后获得 52 个拟合中间值，在此基础上对该拟合中间值进行一次拟合，获得拟合后的中间值即为本地钟源与卫星系统时间的钟差。电离层/对流层时延采用双频无电离层组合模型和标准 NATO 模型进行修正，地球自转效应采用 Sagnac 算法修正，相关设备时延等写入表头用于 CV 计算[36-40]。

卫星载波相位时间传递也是一种卫星共视方法，该方法与卫星共视法的区别在于其采用载波相关观测，后者是码相关观测，采用码相关观测的分辨力约为码元宽度的 1/100，而载波相关观测的载波波长只有码元宽度的 1/100（P 码）或者 1/1000（C/A 码）。从理论上讲，载波相关观测精度比码相关观测精度高 2~3 个量级，而前者需采用特殊的接收机，数据处理复杂，且需要用特殊软件进行归算，后者数据处理简单，应用广泛。

## 2.3.2　卫星全视比对授时原理

卫星共视比对的前提是两站可同时观测到同一颗卫星，在两站相距较远时，可共视的卫星数量减少，共视卫星数据质量也偏低，且共视比对两站须严格按照协定的时刻进行共视。此外，卫星共视是一种非实时的授时方式，存在 13min 延迟，需要进行事后处理才能获得两站间的钟差从而进行校准，这是卫星共视的固有缺陷[41]。

基于此，江志恒和 Petit 于 2004 年提出了 GPS 全视（GPS all view，GPS AV）方法，于 2006 年替代 GPS CV 用于 TAI 比对规算[42]。GPS 全视方法原理如图 2.15 所示。

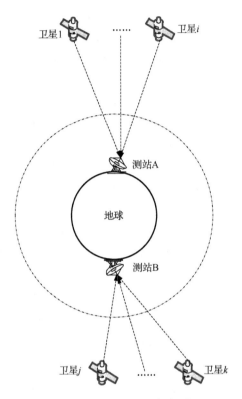

图 2.15　GPS 全视方法原理图

由图 2.15 可知，测站 A 和测站 B 已经不能通过共视的方式来观测同一颗卫星传递 1PPS 信号来实现两个站间同步，此时，通过 GPS 全视可解决两站分布较远导致无法共视的问题。设 $T(A)$ 和 $T(B)$ 分别表示测站 A 和 B 的本地时间，在同一时刻 $t_i$ 可观测的卫星数分别为 $m$ 和 $n$，获得两组观测数据，根据卫星仰角对两组数据进行加权，从而得到 $t_i$ 时刻测站 A 和测站 B 与 GPST 之间的时差分别为

$$[T(A)-\mathrm{GPST}](t_i)=\frac{\sum_{k=1}^{m}[T(A)-\mathrm{GPST}(k)]\cdot r_k}{\sum_{k=1}^{m}r_k} \tag{2.27}$$

$$[T(B) - \text{GPST}](t_i) = \frac{\sum_{j=1}^{n}[T(B) - \text{GPST}(j)] \cdot r_j}{\sum_{j=1}^{n} r_j} \qquad (2.28)$$

其中，$r_k$ 和 $r_j$ 表示权值，取决于测站与卫星之间的高度角。由式（2.27）～式（2.28）得

$$[T(A) - T(B)](t_i) = [T(A) - \text{GPST}](t_i) - [T(B) - \text{GPST}](t_i) \qquad (2.29)$$

因此交换 A、B 两站观测值，进行平滑处理后，可得两站间钟差。由式（2.29）可知，GPS 全视法需要与 GPST 进行比对，一般采用的是 IGS 精密星历，因此星历误差会影响比对精度。另外，对流层延迟误差、伪码多径误差、接收机误差等也会影响比对精度。GPS 全视比对涉及 IGS 精密星历，存在延时的问题，因此全视也是一种非实时的比对方式。

## 2.4　精密单点定位授时

精密单点定位（PPP）是 1997 年美国喷气动力实验室的 Zumberge 等提出并逐渐发展的一种空间定位技术，利用 IGS 精密星历和卫星钟差来实现定位[43, 44]。

PPP 时间比对是单台接收机利用 IGS 精密星历的钟差数据和轨道数据等星历数据，并对载波相位观测数据和伪距等数据进行解算，从而得到在 IGS 时间标准下的接收机钟差，获得 ns 量级时间比对精度，不同位置的接收机通过该方式获得各自与 IGS 时间标准的钟差，经过校准来获得各接收机之间的时间同步，此即 PPP 授时原理。

PPP 观测方程[45]为

$$\begin{cases} P^j = \rho^j - \delta t + \delta t^j + \text{Trop}^j + \varepsilon_P^j \\ F^j = \rho^j - \delta t + \delta t^j + N^j + \text{Trop}^j + \varepsilon_F^j \end{cases} \qquad (2.30)$$

其中，$j$ 为卫星号；$P$ 和 $F$ 分别表示伪距消电离层组合观测量和载波相位观测量；$\rho$ 表示卫星天线至接收机天线间的距离；$\text{Trop}^j$ 表示对流层延迟；$\delta t$ 和 $\delta t^j$ 分别表示接收机钟差和卫星钟差；$N$ 表示消电离层组合模糊度；$\varepsilon_P^j$ 和 $\varepsilon_F^j$ 分别表示观测噪声误差和未模糊化误差。

为了求解式（2.30），可采用 UofC 模型[46]、TUDelft 模型[47]和差分观测值模型[48]等。考虑各种因素带来的误差影响，在求解获得单站的接收机钟差时，通过数据传输链路与比对测站进行钟差比对，从而实现各站之间的时间同步。PPP 短

期性能优于 TWSTT，长期性能差于 TWSTFT，在 TAI 时间归算中综合采用这两种比对方法来提高最终的时间精度。

根据 GPS PPP 授时原理，守时实验室接收机通过钟差校准后获得的结果 $\delta t$ 可认为是本地钟源的参考时间 UTC($k$) 与 IGS 时间标准的偏差，则两实验室分别计算本地钟源与 IGS 时间标准后，通过差分即可获得两守时实验室时间钟源之间的钟差，原理如图 2.16 所示，比对公式如式（2.31）所示。

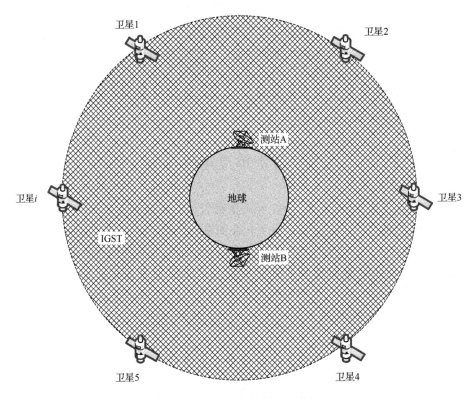

图 2.16　GPS PPP 法原理示意图

$$\begin{cases} \delta t_1 = \text{UTC}(1) - \text{IGST} \\ \delta t_2 = \text{UTC}(2) - \text{IGST} \\ \Delta \delta t = \delta t_1 - \delta t_2 \end{cases} \qquad (2.31)$$

其中，IGST 表示 IGS 时间；$\Delta \delta t$ 为参与比对的两守时实验室本地钟源之间的钟差。获得二者之间的钟差后，通过校准本地钟源钟差，实现比对站之间时间同步的目的。

# 参 考 文 献

[1] 刘利. 相对论时间比对理论与高精度时间同步技术[D]. 郑州: 解放军信息工程大学, 2004.

[2] MEYER F. One-way time transfer using geostationary satellite TDF2[J]. IEEE Transactions on Instrumentation and Measurement, 1995, 44(2): 103-106.

[3] 和涛, 何美玲, 江南, 等. 卫星高度角对 GPS 单向时间传递性能的影响研究[J]. 宇航计测技术, 2014, 34(4): 33-36.

[4] 刘帅, 贾小林. GNSS 电离层模型改正精度评估与分析[J]. 空间科学学报, 2016, 36(3): 297-304.

[5] 徐冬. 大气层对卫星导航信号的时延影响及修正[J]. 电讯技术, 2006, (4): 132-136.

[6] 谢世杰, 潘宝玉. GPS 测量的对流层误差[J]. 地矿测绘, 2004, 20(2): 1-3.

[7] 邓力, 萧放, 冯军红. 一种新的北斗定位信号时延消除方法[J]. 中国民航飞行学院学报, 2015, 26(4): 59-61.

[8] 刘利, 韩春好. 卫星双向时间比对及其误差分析[J]. 天文学进展, 2004, 22(3): 219-226.

[9] 王晓晗, 杨旭海. 卫星双向法时间频率传递中 Sagnac 效应的计算分析[J]. 仪器仪表学报, 2006, 27(6): 628-630.

[10] 曹纪东, 刘晓刚, 刘雁雨. 卫星双向共视法时间比对中 Sagnac 效应计算模型[J]. 测绘科学技术学报, 2008, 25(3): 192-194.

[11] 刘晓刚, 邓禹, 孙军, 等. 星地无线电双向法时间比对中 Sagnac 效应的计算[J]. 海洋测绘, 2008, 28(5): 28-30.

[12] LIN H T, HUANG Y J, TSENG W H, et al. Recent development and utilization of two-way satellite time and frequency transfer[J]. MAPAN-Journal of Metrology Society of India, 2012, 27(1): 13-22.

[13] KIRCHNER D. Two-way time transfer via communication satellites[J]. Proceedings of the IEEE, 1991, 79(7): 983-990.

[14] 杜晓燕, 乔江, 卫佩佩. 一种用于中国地区的对流层天顶延迟实时修正模型[J]. 电子与信息学报, 2019, 41(1): 156-164.

[15] 乔江, 杜晓燕, 卫佩佩. 一种对流层折射误差的实时简化修正方法[J]. 强激光与粒子束, 2018, 30(10): 103205.

[16] 陈西宏, 刘赞, 刘强, 等. 对流层散射双向时间比对中对流层斜延迟估计[J]. 国防科技大学学报, 2016, 38(2): 171-176.

[17] 刘赞. 双基地雷达时间同步系统中时钟校准技术研究[D]. 西安: 空军工程大学, 2015.

[18] 刘继业. 基于对流层散射信道的高精度时间传递技术研究[D]. 西安: 空军工程大学, 2017.

[19] HOPFIELD H S. Tropospheric effect on electromagnetically measured range prediction from surface weather data[J]. Radio Science, 1971, 6(3): 357-367.

[20] 曲伟菁, 朱文耀, 宋淑丽, 等. 三种对流层延迟改正模型精度评估[J]. 天文学报, 2008, 49(1): 113-122.

[21] ASKNE J, NORDIUS H. Estimation of tropospheric delay for microwaves from surface weather data[J]. Radio Science, 1987, 22(3): 379-386.

[22] DAVIS J L, HERRING T A, SHAPIRO I I, et al. Geodesy by radio interferometry: Effects of atmospheric modeling errors on estimates of baseline length[J]. Radio Science, 1985, 20(6): 1593-1607.

[23] HERRING T A. Modelling atmospheric delays in the analysis of space geodetic data[J]. Symposium on Refraction of Trans-atmospheric Signals in Geodesy, 1992, 36: 157-164.

[24] BOEHM J, SCHUH H. Vienna mapping functions in VLBI analyses[J]. Geophysical Research Letters, 2004, 31: L01603.

[25] 杨慧君, 冯克明, 谢淑香, 等. 基于BP神经网络的GPT2w改进模型及全球精度分析[J]. 系统工程与电子技术, 2019, 41(3): 500-508.

[26] LIU J Y, CHEN X H, SUN J Z, et al. An analysis of GPT2/GPT2w+Saastamoinen models for estimating zenith tropospheric delay over Asian area[J]. Advances in Space Research, 2017, 59(3): 824-832.

[27] BOEHM J, MOELER G, SCHINDELEGGER M, et al. Development of an improved empirical model for slant delays in the troposphere (GPT2w)[J]. GPS Solution, 2015, 19: 433-441.

[28] 刘凯. TWSTFT 设备时延测量与归算方法研究[D]. 西安: 西安电子科技大学, 2018.

[29] 刘禹岑. 高精度卫星时间同步技术研究[D]. 长沙: 国防科技大学, 2017.

[30] 陈晓堂. 卫星双向时间比对系统误差校准方法研究[D]. 北京: 中国科学院大学, 2017.

[31] 武文俊. 卫星双向时间频率传递的误差研究[D]. 北京: 中国科学院研究生院, 2012.

[32] LEE C B, LEE D D, CHUNG N S, et al. Development of a GPS time comparison system and the GPS common-view measurements[J]. IEEE Transactions on Instrumentation and Measurement, 1991, 40(2): 216-218.

[33] IMAE M, SUZUYAMA T, HONGWEI S. Impact of satellite position error on GPS common-view time transfer[J]. Electronics Letters, 2004, 40(11): 709-710.

[34] 张尔康. 双基地合成孔径雷达同步与成像算法[D]. 北京: 中国科学院研究生院, 2007.

[35] 中国国家标准化管理委员会. GB/T 29842-2013 卫星导航定位系统的时间系统[S]. 北京: 中国标准出版社, 2013.

[36] 王威雄, 董绍武, 武文俊, 等. 北斗三号卫星共视时间比对性能分析[J]. 宇航学报, 2020, 41(5): 569-577.

[37] 刘音华, 李孝辉. 轨道误差对空间站高精度时间比对的影响分析及修正方法[J]. 宇航学报, 2019, 40(3): 345-351.

[38] 李丹丹, 许龙霞, 朱峰, 等. 北斗卫星导航系统逆向接收溯源方法[J]. 宇航学报, 2017, 38(4): 367-374.

[39] DEFRAIGNE P, PETIT G. CGGTTS-Version 2E: An extended standard for GNSS Time Transfer[J]. Metrologia, 2015, 52(6): 1-22.

[40] 陈瑞琼, 刘娅, 李孝辉. 基于改进的卫星共视法的远程时间比对研究[J]. 仪器仪表学报, 2016, 37(4): 757-763.

[41] 许龙霞. 基于共视原理的卫星授时方法[D]. 北京: 中国科学院大学, 2012.

[42] 江志恒. GPS 全视法时间传递回顾与展望[J]. 宇航计测技术, 2007, (S1): 53-71.

[43] ZUMBERGE J F, HEFLIN M B, JEFFERSON D C, et al. Precise point positioning for the efficient and robust analysis of GPS data from large networks[J]. Journal of Geophysical Research Solid Earth, 1997, 102(B3): 5005-5017.

[44] 昌娆. BDS/GPS 融合精密单点定位方法研究[D]. 长沙: 国防科技大学, 2017.

[45] 于合理, 郝金明, 田英国, 等. 基于坐标约束的精密单点定位授时算法[J]. 海洋测绘, 2017, 37(3): 25-28.

[46] GAO Y, SHEN X B. Improving ambiguity convergence in carrier-based precise point positioning[C]. ION GPS 2001, Salt Lake City, Utah, 2001, 1532-1539.

[47] KESHIN M O, LE A Q, MAREL H V D. Single and dual-frequency precise point positioning: approaches and performances[C]. The 3rd ESA Workshop on Satellite Navigation User Equipment Technologies, Noordwijk, 2006.

[48] 郝明, 丁希杰. GPS 精密单点定位的数据处理方法综述[J]. 测绘工程, 2008, 17(5): 60-62.

# 第 3 章　激光授时与网络授时

激光通信是利用激光传输信息的通信方式，包括无线激光通信（大气激光通信）和有线激光通信（光纤通信）。除了通信外，激光也可用于授时，包括无线激光授时和光纤授时两种类型，其中星地激光时间比对和光纤双向时间比对是无线激光授时和光纤授时的主要应用方式。另外，网络授时也主要依赖于光纤，本章对这几种授时方式进行介绍。

## 3.1　星地激光时间比对授时

### 3.1.1　星地激光时间比对授时系统

星地激光时间比对授时系统组成如图 3.1 所示[1-4]。

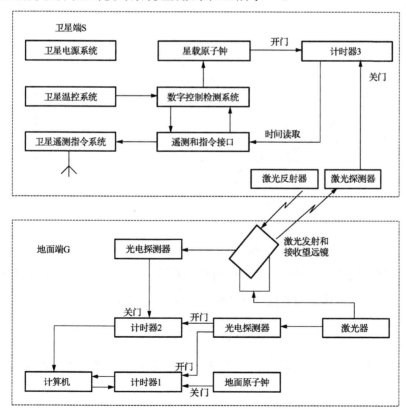

图 3.1　星地激光时间比对授时系统组成框图

由图 3.1 可知，星地激光时间比对授时系统由卫星端和地面端两部分组成，其中卫星端设备包括卫星功能设备，如电源系统、遥测指令系统和温控系统等；也包括参与授时的系统，如星载原子钟、计时器、数字控制检测系统、激光反射器、激光探测器等。地面端设备包括激光发射和接收望远镜、光电探测器、激光器、计时器、地面原子钟和计算机等部分。

### 3.1.2　星地激光时间比对授时原理

由图 3.1 可知，地面激光器通过激光发射和接收望远镜向卫星发射激光脉冲，同时该 1PPS 送给光电探测器后输出给计时器 1 和计时器 2，两计时器开始计数，地面原子钟开始输出 $1PPS_G$ 给计时器 1，作为其关门信号，计时器 1 记录时长为 $T_G$。在卫星端，星载钟源开始输出 $1PPS_S$ 给计时器 3 作为其开门信号，计时器 3 开始计时，地面激光测距站向卫星发射的激光脉冲经过激光探测器接收后送给计时器 3 作为其关门信号，计时器 3 记录时长为 $T_S$，同时该激光脉冲经过激光反射器反射回地面站，被接收后送给计时器 2，作为其关门信号，计时器 2 记录时长为 $\tau$。设 $1PPS_G$ 与 $1PPS_S$ 之间的钟差为 $\Delta T$，星地激光时间比对授时原理如图 3.2 所示。

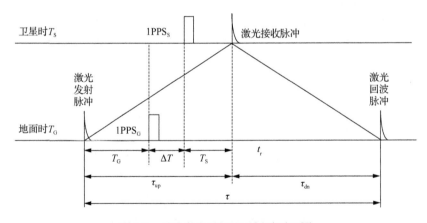

图 3.2　星地激光时间比对授时原理图

由于地球运转、卫星的移动和传播路径的不一致性，$\tau_{up}$ 和 $\tau_{dn}$ 并不等于 $\tau/2$，需要考虑卫星与地球之间的相对运动带来的 Sagnac 效应，即

$$\tau_{up} = \frac{\tau}{2} \pm t_{Sagnac} \tag{3.1}$$

当信号传输方向与地球自转方向一致时，$t_{Sagnac}$ 取负，反之为正。通过上述分析可知

$$\Delta T = \tau_{\text{up}} - T_{\text{G}} - T_{\text{S}} = \frac{\tau}{2} - T_{\text{G}} - T_{\text{S}} \pm t_{\text{Sagnac}} \tag{3.2}$$

$t_{\text{Sagnac}}$ 值较小，且可进行修正，修正后精度较高，计算时一般忽略该项。在卫星上，激光探测器与激光发射器安装在卫星的不同位置，二者之间会存在一定的时延，该时延项也可进行修正，精度较高，计算时一般忽略该项。另外，各计时器也存在计时误差，可在比对前进行校准，从而减小设备仪器对比对精度的影响。同时，卫星激光测距误差也会影响比对精度，如对流层/电离层修正误差、其他仪器设备误差等，该项对比对精度的影响在 150ps 左右[1]。

星上计时器 3 记录的时长 $T_{\text{S}}$ 通过星地通信链路传回地面站，在地面端计算机完成计算后获得星地之间的钟差 $\Delta T$。

星地激光时间比对涉及激光穿越大气的情况，如果云层较厚，则不能穿透云层，无法实现全天候的比对，一般用于卫星导航系统无线电测量的校核。总体而言，星地激光时间比对的精度在次纳秒量级[4]。

## 3.2 光纤双向时间比对授时

### 3.2.1 光纤双向时间比对授时原理

光纤双向时间比对授时系统主要包括光收发单元、时频同步系统、本地钟、TIC 和数传设备等，其组成框图如图 3.3 所示。

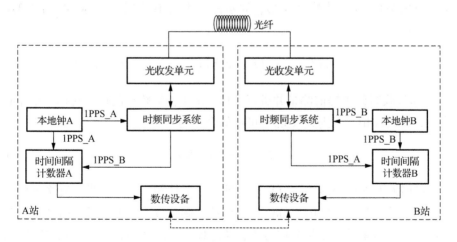

图 3.3 光纤双向时间比对授时系统组成框图

图 3.3 中，A、B 两站在同一钟面时刻同时向对方站发射 1PPS 信号，两站信

号处理方式一致，以 B 站为例进行说明。B 站的钟 B 输出的 1PPS_B 信号分两路，其中一路传至 TICB，作为 TICB 计数的开门信号；A 站的钟 A 输出的 1PPS_A 信号分两路，一路直接送入 TICA 作为其计数的开门信号，另一路通过时频同步系统进行调制并完成光电转换，传至光收发单元处理后，通过光纤信道传输至 B 站，在 B 站通过光收发单元处理后送入时频同步系统进行光电转换和解调，恢复得到 1PPS_B 信号送入 TICB 作为其关门信号，两站同时进行这种数据处理工作，通过比对从而获得两站间的钟差。分析可得光纤双向时间比对时序关系如图 3.4 所示。

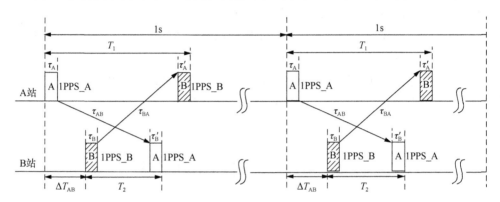

图 3.4  光纤双向时间比对时序关系图

图 3.4 中，$\tau_A$、$\tau_B$ 表示发送时延，$\tau_A'$、$\tau_B'$ 表示接收时延，$\tau_{AB}$、$\tau_{BA}$ 分别表示 1PPS_A、1PPS_B 信号从 A、B 站传输至 B、A 站过程中的传播路径延迟，$T_1$、$T_2$ 表示 TICA/TICB 的计数值，$\Delta T_{AB}$ 表示钟 A 和钟 B 之间的钟差。根据图 3.4 所示关系，可知

$$\Delta T_{AB} = \frac{1}{2}\left[(T_1 - T_2) + (\tau_A - \tau_B) + (\tau_{AB} - \tau_{BA}) + (\tau_B' - \tau_A')\right] \tag{3.3}$$

发送/接收时延可提前测量并进行补偿，由于传输路径的近似对称，光纤链路的路径延迟大致相等，则式（3.3）可近似表示为

$$\Delta T_{AB} \approx \frac{1}{2}(T_1 - T_2) \tag{3.4}$$

光纤时间对比受温度、光纤色散特性、光器件物理特性和光纤链路对称性等因素影响，其中光纤链路的对称性对比对精度影响较大。为了减小路径因素对精度的影响，一般采用同波长光信号进行传递比对。总体而言，光纤双向时间比对是固定站址授时精度较高的一种授时手段[5]。

### 3.2.2 光纤双向时间比对授时研究现状

光纤由于传输精度和稳定度高，抗干扰性强，在传递高精度时间信号方面发展迅速，世界许多一流实验室在进行基于光纤线路的高精度时间信号传递工作。例如，Jefferts 等在美国 NIST 的双向时间比对系统上，采用光纤作为信道进行了短距离的双向时间比对实验，得出了误差小于 10ps 的结论[6]。2001 年 Kihara 等利用光纤信道进行了 175km 距离下的同步数字系统双向时间比对实验，测试结果表明时间比对数据方差达到 $10^{-12}$，具有较高的稳定性[7]。2013 年 Sliwczynski 等进行了远距离光纤双向时频比对试验，利用单径双向放大器采用最优化方法进行了 120～220km 的试验，证明了该方法在时频传递中的有效性[8]。德国分别在 920km 和 1840km 光纤链路中实现了 $2\times10^{-15}$ 和 $5\times10^{-15}$ 量级稳定度的信号传输[9,10]；意大利实现了 642km 光纤链路的 $3\times10^{-19}$ 量级稳定度的信号传输[11]；美国实现了 251km 光纤链路上 $6\times10^{-19}$ 量级稳定度的信号传输[12]。

我国在这方面也取得了较大的进展。2013 年王苏北等设计了光纤双向时间比对时间编码方案，获得了 50km 传输距离下优于 55ps 的传输精度[13]。2014 年李晓亚等构建了高精度光纤时频同步系统，实现了 100km 光纤小于 400ps 的同步精度[14]。随着光纤技术的发展和光纤网络的扩展，基于光纤的高精度时间同步、授时技术将向高精度、高稳定性和广域性等方向发展[15]。例如，2012 年王波等进行了 80km 实地链路上 $7\times10^{-15}$ 量级的实验[16]；2015 年马超群等进行了 82km 实地链路上 $2\times10^{-17}$ 量级的实验[17]；2016 年刘琴等在 430km 光纤链路上进行了实地实验，稳定度达到了 $1\times10^{-13}$ 量级[18]；同年，邓雪等在西安市临潼区进行了 112km 光纤链路的信号传递，稳定度达到了 $2\times10^{-16}$ 量级[19]；2017 年陈法喜等研究了长距离多站点下的高精度光纤时间同步问题，提出了一种利用一个波长信道同时对 1PPS 信号、时码信号以及 10MHz 信号进行传递，并使用时分多址和净化再生的方式实现多站点高精度光纤时间同步的方法，通过实测分析得出了 871.6km 传递链路的时间同步标准差为 29.8ps，时间稳定度为 3.85 ps@1000s，不确定度为 25.4ps（11 个站点）的结论[20]。2018 年李忠文等研究了基于光纤的高精度时频同步问题，提出了实现方案，并通过现网测试得出了光纤传输 1305.65km，连接 19 个网络节点，实测同步精度优于 ±10ns 结论[21]。2019 年海军工程大学开展了 700km 光纤可分布式授时远距离实验，并进行了高低温测试，实现了优于 0.6ns 的授时精度（$1\sigma$），频率天稳达 $1.14\times10^{-14}$ [22]。2020 年侯飞雁等利用频率纠缠脉冲传递时间信号，基于 9.76km 光纤信道开展了双向量子时间传递实验，获得了 1.55ps（10s）、92fs

（20480s）的稳定度[23]。由于量子纠缠现象的保密性和安全性，量子时间同步技术有望在安全性要求高的中远距离时间传递中获得推广应用，这对于国家授时安全、国防军事授时安全意义重大。

# 3.3 网络授时

互联网的快速发展，特别是手机无线网络的飞速发展，使得各行业发生了巨变，人们对于时间的要求越来越高，网络授时也随之快速发展。

网络授时是在互联网上按照网络时间服务协议发送标准时间信息的过程，网络授时包括网络时间协议（network time protocol，NTP）授时和精确时间协议（precision time protocol，PTP）授时两种方式，其中 NTP 是一种基于软件时间戳的网络授时技术，授时精度在毫秒量级，PTP 是一种基于硬件时间戳的网络授时技术，授时精度可达纳秒量级[24]。

### 3.3.1 NTP 网络授时

NTP 网络授时可采取以下三种工作模式[25-27]。

（1）主从模式：也可称为服务器/用户模式，用户通过互联网向一个/多个服务器发出时间服务申请，根据相关协议和时间戳信息计算网络时延，从而获得本地钟源与目标钟源的钟差，在此基础上校准用户本地钟源，实现本地钟源与目标钟源时间同步的网络授时模式。

（2）广播模式：用户端直接接收服务器发播的时间信息，通过该信息校准本地钟源从而实现同步的网络授时模式。

（3）对称模式：适用于服务器之间的时间校准，网络中多个服务器互为主从，相互校准对方时间，从而实现网络时间一致的网络授时模式。

NTP 网络授时主要采用主从模式进行授时，其工作原理如图 3.5 所示。

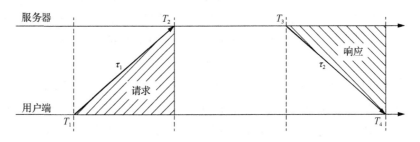

图 3.5 NTP 主从模式网络授时工作原理图

由图 3.5 可知，用户端在 $T_1$ 时刻向服务器发出授时请求（request），并将包含 $T_1$ 时刻的数据包发送给服务器，在 $T_2$ 时刻到达服务器，服务器记录此时的时间戳信息，经过一段时间的处理后，服务器在 $T_3$ 时刻将数据包发送给用户端，该过程称为响应（response），且发送给用户端的数据包中包含 $T_2$ 和 $T_3$ 的信息，该数据包在 $T_4$ 时刻到达用户端，记录此时的时间戳。设请求数据包在网络中的传输时长为 $\tau_1$，响应数据包的传输时长为 $\tau_2$，数据包的传输路径时长为 $\tau$，用户端与服务器之间的钟差为 $\Delta T$，则可得

$$\begin{cases} T_2 = T_1 + \tau_1 + \Delta T \\ T_4 = T_3 + \tau_2 - \Delta T \\ \tau = \tau_1 + \tau_2 \end{cases} \tag{3.5}$$

理想情况下，请求数据包和响应数据包的传输路径延迟相等，即 $\tau_1 = \tau_2$，则可得

$$\begin{cases} \Delta T = \dfrac{(T_2 - T_1) - (T_4 - T_3)}{2} \\ \tau = (T_2 - T_1) + (T_4 - T_3) \end{cases} \tag{3.6}$$

由式（3.6）可知，根据记录的时间戳信息，即可近似获得两站间的钟差和数据包的路径传输时延；同时分析可知，$\Delta T$ 和 $\tau$ 只与 $T_2 - T_1$ 和 $T_4 - T_3$ 差值相关，与 $T_2$、$T_3$ 之间的关系无关，即钟差值与服务器对于各请求响应应用时无关，亦即服务器在同一时段收到过多请求而处理速度变慢，造成排队拥挤等待处理的情况时，不会影响网络授时的精度。

上述分析都是基于 $\tau_1 = \tau_2$ 的前提展开的，而实际上，网络阻塞、网关、路由器等因素导致 $\tau_1 \neq \tau_2$，是影响 NTP 授时精度的主要因素。经过分析，主从时钟之间的真实钟差在 $\left[ \Delta T - \dfrac{\tau}{2}, \ \Delta T + \dfrac{\tau}{2} \right]$ 范围内[28]。

NTP 技术成熟，实现简单，应用广泛，适用于 IP 网络覆盖的应用场合，但授时精度偏低，适用于对授时精度要求不是很高的场合。

### 3.3.2 PTP 网络授时

PTP 网络授时采用的是 IEEE 1588 协议，IEEE 于 2002 年发布 IEEE 1588V1，实现了亚微秒的授时精度，2008 年发布 IEEE 1588V2，简化了网络的复杂程度，提高了组网的灵活性[24]。PTP 网络授时核心是获得主从时钟之间的钟差，可采用如图 3.6 所示方法进行测量[29]。

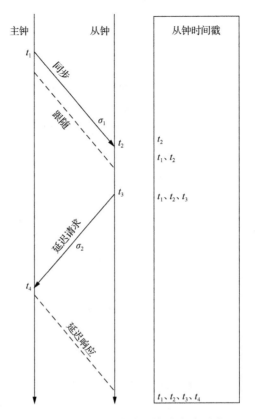

图 3.6　PTP 主从时钟钟差测量原理图

由图 3.6 可知，主钟周期性的向网内发播同步（Sync）信息，设发播主钟同步信息时刻的时间戳为 $t_1$，紧接着发播一条跟随（Follow_up）报文，该报文内包含 $t_1$ 时间戳信息，主钟同步信息经过 $\tau_1$ 时长的传输在 $t_2$ 时刻到达从钟，从钟记录此时的时间戳 $t_2$，则从钟获得了 $t_1$、$t_2$ 信息。从钟在 $t_3$ 时刻向主钟发出延迟请求（Delay_Req）指令，该指令经过 $\tau_2$ 时长的传输在 $t_4$ 时刻到达主钟，主钟通过延迟响应指令（Delay_Resp），将时间戳信息 $t_4$ 发给从钟，此时从钟获得了 $t_1$、$t_2$、$t_3$ 和 $t_4$ 信息，设主从钟之间的钟差为 $\Delta t$，则

$$\begin{cases} t_2 = t_1 + \sigma_1 + \Delta t \\ t_4 = t_3 + \sigma_2 - \Delta t \\ \sigma = \sigma_1 + \sigma_2 \end{cases} \tag{3.7}$$

若报文传输的网络信道为对称信道，即 $\sigma_1 = \sigma_2$，则可得

$$\begin{cases} \Delta t = \dfrac{(t_2 - t_1) - (t_4 - t_3)}{2} \\ \sigma = (t_2 - t_1) + (t_4 - t_3) \end{cases} \tag{3.8}$$

与 NTP 一样，PTP 网络授时获得的主从站之间的钟差和路径延迟都是以对称信道为前提，实际上，网络抖动、干扰、网络结构等因素都会导致路径的不对称，影响 PTP 网络授时精度。

为了提高 PTP 网络授时精度，协议中采取了硬件时间戳、边界时钟、透明时钟和划分域等措施，同时优化了报文结构，减小网络带宽消耗来缩短排队时延[30, 31]。

## 参 考 文 献

[1] 王元明, 杨福民, 黄佩诚, 等. 星地激光时间比对原理样机及地面模拟比对试验[J]. 中国科学: 物理学 力学 天文学, 2008, 38(2): 217-224.

[2] 中国国家标准化管理委员会. 卫星导航定位系统的时间系统: GB/T 29842-2013[S]. 北京: 中国标准出版社, 2013.

[3] 张忠萍, 张海峰, 杨福民, 等. 星地激光时间比对中地面激光发射时刻的精确控制[J]. 中国科学院上海天文台 年刊, 2008, 29: 59-66.

[4] 潘峰, 赵赟, 黄佩诚, 等. 星地激光时间比对在卫星导航系统中的应用[J]. 宇航计测技术, 2009, 29(5): 58-61.

[5] 王苏北. 高精度光纤时间传递的码型设计与实现[D]. 上海: 上海交通大学, 2013.

[6] JEFFERTS S R, WEISS M A, LEVINE J, et al. Two-way time and frequency transfer using optical fibers[J]. IEEE Transactions on Instrumentation and Measurement, 1997, 46(2): 209-211.

[7] KIHARA M, IMAOKA A, IMAE M, et al. Two-way time transfer through 2. 4 Gb/s optical SDH system[J]. IEEE Transactions on Instrumentation and Measurement, 2001, 50(3): 709-715.

[8] SLIWCZYNSKI L, KOŁODZIEJ J. Bidirectional optical amplification in long-distance two-way fiber-optic time and frequency transfer systems[J]. IEEE Transactions on Instrumentation and Measurement, 2013, 62(1): 253-262.

[9] PREDEHL K, GROSCHE G, RAUPACH S, et al. A 920km optical fiber link for frequency metrology at the 19th decimal place[J]. Science, 2012, 336(6080): 441-444.

[10] DROSTE S, OZIMEK F, UDEM T, et al. Optical-frequency transfer over a single-span 1840km fiber link[J]. Physical Review Letters, 2013, 111(11): 110801.

[11] CALONICO D, BERTACCO E, CALOSSO C, et al. High-accuracy coherent optical frequency transfer over a doubled 642km fiber link[J]. Applied Physics B, 2014, 118(1): 979-986.

[12] NEWBURY N, WILLIAMS P, SWANN W. Coherent transfer of an optical carrier over 251km[J]. Optics Letters, 2007, 32(21): 3056-3058.

[13] 王苏北, 吴龟灵, 邹卫文, 等. 一种光纤双向时间比对时间码的设计与验证[J]. 光通信技术, 2013(1): 22-24.

[14] 李晓亚, 朱勇, 卢麟, 等. 高精度光纤时频伺服传递实验研究[J]. 光学学报, 2014, 34(5): 1-6.

[15] 李恩, 罗青松, 刘志强, 等. 光缆网高精度授时技术现状及应用[J]. 中国电子科学研究院学报, 2013, 8(4): 344-349.

[16] WANG B, GAO C, CHEN W L, et al. Precise and continuous time and frequency synchronization at the $5×10^{-19}$ accuracy level[J]. Scientific Reports, 2012, 2: 1-5.

[17] MA C Q, WU L, JIANG Y, et al. Coherence transfer of sub hertz-linewidth laser light via an 82km fiber link[J]. Applied Physics Letters, 2015, 107(26): 261109.

[18] LIU Q, CHEN W, XU D, et al. Simultaneous frequency transfer and time synchronization over a cascaded fiber link of 230km[J]. Chinese Journal of Lasers, 2016, 43(3): 0305006.

[19] DENG X, LIU J, JIAO D D, et al. Coherent transfer of optical frequency over 112km with instability at the $10^{-20}$ level[J]. Chinese Physiscs Letters, 2016, 33(11): 47-49.

[20] 陈法喜, 赵侃, 周旭, 等. 长距离多站点高精度光纤时间同步[J]. 物理学报, 2017, 66(20): 1-9.

[21] 李忠文, 王科, 龙波. 面向 5G 的高精度时间同步网实现方案[J]. 电信技术, 2018(5): 43-46.

[22] 许江宁, 梁益丰, 吴苗. 综合 PNT 体系之授时技术[J]. 飞控与探测, 2020, 38(1): 21-29.

[23] 侯飞雁, 权润爱, 项晓, 等. 基于实地光纤的双向量子时间传递实验研究[J]. 时间频率学报, 2020, 43(4): 253-261.

[24] 贾杰峰, 郝青茹, 尹继凯, 等. 基于 IEEE1588 协议的 PTP 网络授时监测技术实现[J]. 无线电工程, 2020, 50(6): 474-478.

[25] 陈敏. 基于 NTP 协议的网络时间同步系统的研究与实现[D]. 武汉: 华中科技大学, 2005.

[26] 范海英. 基于 ARM 的网络时间同步系统的设计与实现[D]. 西安: 西安电子科技大学, 2014.

[27] 王明. 便携式 NTP 测试仪设计与实现[D]. 北京: 中国科学院研究生院(国家授时中心), 2016.

[28] 吴鹏. NTP 授时服务性能监测及状态评估[D]. 北京: 中国科学院研究生院(国家授时中心), 2016.

[29] CHEN W, SUN J H, ZHANG L, et al. An implementation of IEEE 1588 protocol for IEEE 802. 11 WLAN[J]. Wireless Networks, 2015, 21: 2069-2085.

[30] 王相周, 陈华婵. IEEE1588 精确时间协议的研究与应用[J]. 计算机工程与设计, 2009, 30(8): 1846-1849.

[31] 王康. 网络精密授时若干关键技术研究[D]. 北京: 中国科学院研究生院(国家授时中心), 2015.

# 第 4 章　对流层散射授时

对流层散射通信是利用对流层大气的不均匀性对电磁波的散射和反射作用而产生的一种超视距通信方式，具有越障性能好、单跳通信距离远、自主建链能力强和不受太阳活动影响等优点。对流层散射授时是利用对流层散射信道传输时间比对信号来实现中远距离的超视距无线授时方式，继承了对流层散射通信的越障等特性，且具有自主建链授时的优点，可作为卫星授时的备份授时手段，是一种最低限度授时方式，在战时卫星授时拒止情况下可作为紧急授时手段。

## 4.1　对流层散射单向时间比对授时

### 4.1.1　对流层散射单向时间比对授时原理

借鉴卫星单向时间比对授时原理，构建基于对流层散射信道的单向时间比对授时系统[1, 2]，其组成框图如图 4.1 所示。

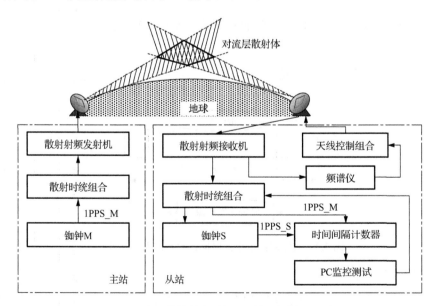

图 4.1　对流层散射单向时间比对授时系统组成框图

由图 4.1 可知，该系统分为主站和从站，主站包括铷钟 M、散射时统组合和散射射频发射机等部分，从站主要包括铷钟 S、散射时统组合、散射射频接收机、时间间隔计数器（TIC）、频谱仪和个人电脑（PC）等。其工作流程如下。

铷钟 M 和铷钟 S 在同一钟面时刻产生 1PPS 信号，两钟之间存在钟差，1PPS_M 信号送至对流层散射时统组合，1PPS_S 信号送至 TIC，TIC 收到 1PPS_S 信号后开始计数，即 1PPS_S 信号是 TIC 计数的开门信号。主站对流层散射时统组合主要完成 1PPS 信号的调制功能，采用 BPSK 调制方式，通过该组合的调制生成中频信号，将该信号送至散射射频发射机进行上变频后通过天线发射出去。

主从站配置合适的对流层散射通信参数（如散射角、散射频率、散射功率等），1PPS_M 信号经过主站处理后，从对流层散射信道传输至从站，通过从站接收天线和散射射频接收机的接收、下变频成散射中频信号，该信号一路被送至频谱仪观察散射信道衰落情况，另一路送至对流层散射时统组合。从站对流层散射时统组合主要完成 1PPS_M 信号的解调工作，恢复成 1PPS_M 信号后，将该信号送至 TIC，TIC 收到该信号后停止计数（即 1PPS_M 信号是 TIC 的关门信号），TIC 计数值经 RS232 串口传输至 PC，通过编写的测试软件对该值进行记录和显示，PC 也可实现对 TIC 的监控。在 PC 内通过计算分析获得两站间钟差，可以发送修正指令给从站对流层散射时统组合来校准从站铷钟 S，从而获得两站间的时间同步。

### 4.1.2　对流层散射单向时间比对授时误差

对流层散射单向时间比对授时的时序关系如图 4.2 所示。

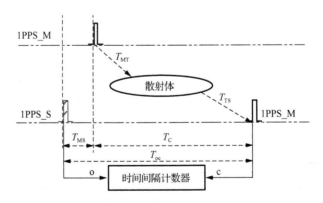

图 4.2　对流层散射单向时间比对授时时序关系图

由图 4.2 可知

$$T_{oc} = T_{MS} + T_E + (T_{MT} + T_{TS}) = T_{MS} + T_E + T_C \qquad (4.1)$$

其中，$T_{oc}$ 为 TIC 计数值；$T_{MS}$ 为主从站铷钟之间的钟差；$T_E$ 为设备时延，包括 OWT[3] 时统组合时延、发射机/接收机时延、TIC 时延等设备时延；$T_C$ 为信道时延，

包括主站至散射体时延 $T_{MT}$ 和散射体至从站时延 $T_{TS}$。将式（4.1）作差分，得

$$\Delta T_{oc} = \Delta T_{MS} + \Delta T_E + \Delta T_C \tag{4.2}$$

在作差分运算的前后两次采样时刻，设备时延变化很小，可近似认为 $\Delta T_E \approx 0$，同时因为铷钟具有高精度、高稳定度和高可靠性以及优秀的短期稳定性，在作差分运算的前后两次采样时刻变化很小，也可以近似认为 $\Delta T_C \approx 0$，因此可得

$$\Delta T_{oc} \approx \Delta T_C \tag{4.3}$$

通过 TIC 计数值的差分值来近似分析对流层散射信道对 $OWT^3$ 的影响，获取对流层散射信道对 $OWT^3$ 的影响规律，以对 $OWT^3$ 进行补偿和调整，从而改善 $OWT^3$ 精度。

### 4.1.3　对流层散射单向时间比对信号传输试验

2018 年 7 月，在空军工程大学三原校区与中心校区之间（通信距离 40km）以及空军工程大学三原校区与西安白鹿原杨庄村之间（66km）进行了对流层散射时间同步试验，验证了对流层散射信道传递时间比对信号实现分布式站点之间高精度时间同步的可行性，并统计分析了时间同步精度。

对流层散射单向时间比对授时系统如图 4.1 所示，测量结果分别如图 4.3 和图 4.4 所示。

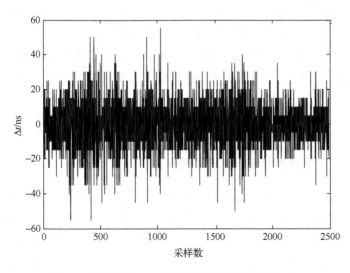

图 4.3　修正后的 TIC 记录数据差分布图（40km）

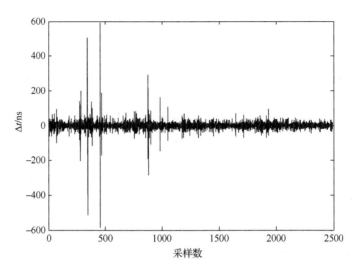

图 4.4　修正后的 TIC 记录数据差分布图（66km）

由图 4.3 和图 4.4 可知，前段分布波动幅度较大，后段分布趋于收敛。分析可知，由于刚开机时段两站铷钟铷泡尚未完全稳定，铷钟因素对 TIC 测量有一定的影响，尽管差分前后采样数据钟差变化不大，但整体观测来看，比对初期钟源因素对 TIC 测量影响较大。结合统计结果，可以近似得出，散射信道对对流层散射时间同步方式的影响小于 13.82ns（40km）和 18.56ns（66km）（2500 采样数据）。

对流层散射时间同步方式是一种解决分布式系统时间同步问题的可行同步方式，通过试验得出了对流层散射信道对对流层散射时间同步精度的影响估计小于 20ns 的结论（66km），可以采用向散射时统组合发送调整指令对从站钟源进行校准，以获得两站间的时间同步，从而改善分布式系统时间同步精度。

## 4.2　对流层散射双向时间比对授时

### 4.2.1　对流层散射双向时间比对授时原理

在对流层散射单向时间比对的基础上，借鉴卫星双向时间比对原理，结合双向时间比对方法能够减小系统比对误差的特点以及对流层散射远程越障自主通信的优势，将双向时间比对技术应用于对流层散射通信中，利用对流层散射信道传递双向时间比对信号来实现分布式系统高精度时间同步，将这种时间同步实现方法定义为对流层散射双向时间比对（TWT³）方法[3, 4]。

TWT³ 方法以对流层散射通信设备为基础，在散射数据处理模块中加入双向时间比对模块，主要由本地原子钟（铷钟或者铯钟等）、TIC、数据处理与控制单元、散射低频设备、散射高频设备和天线等部分组成，如图 4.5 所示。

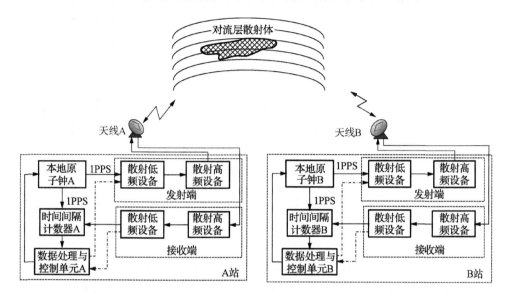

图 4.5　对流层散射双向时间比对方法组成框图

TWT[3] 实现原理如下：A、B 两站的钟 A、钟 B 同时产生 1PPS 信号，A、B 两站在名义上的相同钟面时刻向对方站发送 1PPS 信号，同时该信号被送至本地 TIC，两站的 TIC 在收到该 1PPS 信号后都开始计数；在发射端，经过散射低频设备调制后形成中频信号，该信号送入散射高频设备后通过混频处理成散射高频信号，通过天线发射出去。A 站的高频信号经过对流层散射体的散射反射作用后，到达天线 B，经过混频和解调等步骤处理后恢复成 1PPS 信号传送到 TICB，当 TICB 收到 A 站的 1PPS 信号后停止计数，其计数值为 $t_{TICB}$。B 站到 A 站的信号处理过程与此过程相同，可得 $t_{TICA}$。

图 4.5 中，数据处理与控制单元主要负责对 TIC 数据的记录、传输和比对，同时针对比对钟差数据情况，调整本地钟源参数，从而达到降低站间钟差的目的。TIC 数据通过发射端的处理经散射通信链路发送到对方站，在对方站完成比对数据的恢复，进行相关处理后获得站间钟差。

### 4.2.2　对流层散射双向时间比对授时误差

对流层散射双向时间比对系统的时延关系如图 4.6 所示。

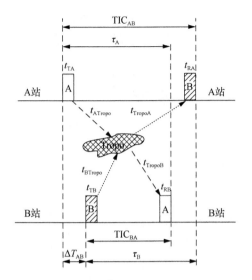

图 4.6　TWT³ 系统的时延关系图

图 4.6 中，$\Delta T_{AB}$ 表示钟 A 和钟 B 的钟差，$t_{TA}$、$t_{RA}$ 和 $t_{TB}$、$t_{RB}$ 分别表示 A 站和 B 站的发射机时延、接收机时延，$t_{ATropo}$、$t_{TropoA}$ 和 $t_{BTropo}$、$t_{TropoB}$ 分别表示 A 站和 B 站的高频信号上行到散射体时延、散射体下行到接收站的时延，$t_{ATropoB}$ 表示 A 站比对信号上行进入对流层散射体散射后下行至 B 站传输前在散射体中的传输时延，$t_{BTropoA}$ 类似。

由图 4.6 中几何关系可知，A 站和 B 站时间间隔计数值 $TIC_{AB}$ 和 $TIC_{BA}$ 分别为

$$TIC_{AB} = \tau_B + \Delta T_{AB} \tag{4.4}$$

$$TIC_{BA} = \tau_A - \Delta T_{AB} \tag{4.5}$$

将式（4.4）减去式（4.5），整理得

$$\Delta T_{AB} = \frac{1}{2}\Big[\big(TIC_{AB} - TIC_{BA}\big) + \big(\tau_A - \tau_B\big)\Big] \tag{4.6}$$

将 $\tau_A$ 和 $\tau_B$ 展开可得

$$\tau_A = t_{TA} + t_{ATropo} + t_{ATropoB} + t_{TropoB} + t_{RB} \tag{4.7}$$

$$\tau_B = t_{TB} + t_{BTropo} + t_{BTropoA} + t_{TropoA} + t_{RA} \tag{4.8}$$

将式（4.7）和式（4.8）代入式（4.6）可得

$$\Delta T_{AB} = \frac{1}{2}\left\{\begin{array}{l}\big(TIC_{AB} - TIC_{BA}\big) + \big(t_{TA} - t_{RA}\big) - \big(t_{TB} - t_{RB}\big) \\ + \big(t_{ATropo} - t_{TropoA}\big) - \big(t_{BTropo} - t_{TropoB}\big) + \big(t_{ATropoB} - t_{BTropoA}\big)\end{array}\right\} - \frac{2\omega S}{c^2} \tag{4.9}$$

式（4.9）最后一项为 Sagnac 效应时延项[5-8]。与卫星双向时间比对中卫星相对于地球做高速运动不同，$TWT^3$ 中，对流层散射体离地面距离（＜15km）和传输距离（单跳 100km 左右）都较近，近似认为散射体相对地球静止，且比对持续时间较短，在比对精度要求不是特别高的前提下，一般将该项忽略。

由式（4.9）可知，$TWT^3$ 时延误差主要由设备时延误差、上下行链路传输时延误差和散射时延误差等三部分组成。

## 1. 设备时延误差

式（4.9）中前三项为设备时延误差项，主要包括时间间隔计数器分辨率因素导致的计数误差、测量过程中产生的测量误差、基带处理单元中对时频数据处理带来的时延误差以及比对信号在发射和接收过程中产生的时延误差等。基带处理模块会带来 30～100ps 时延误差[9]；TIC 测量也会带来误差，常用的 SR620 系列 TIC，其短稳优于 $2×10^{-12}$（100s），同时也可通过移相等手段来提高测量精度，设备时延误差估计在 0.2ns 左右[10]。

单向传播的设备时延主要由电波经过发射和接收设备的总时延构成，双向比对的设备正反传播不一致是影响设备时延的主要因素。为评估设备时延以及变化规律，利用相关设备设计时钟信号传递试验，图 4.7 示出了设备时延测量方案。

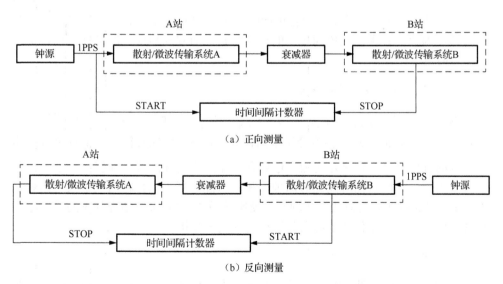

（a）正向测量

（b）反向测量

图 4.7　设备时延测量方案

A、B 两站所用设备型号一致，钟源为 PRS10 型铷钟，时间间隔计数器选用

Agilent53132A 型，采样时间为 2s，记录 500 组数据，图 4.8 示出了正反单向传播总时延以及正反传播时延误差。

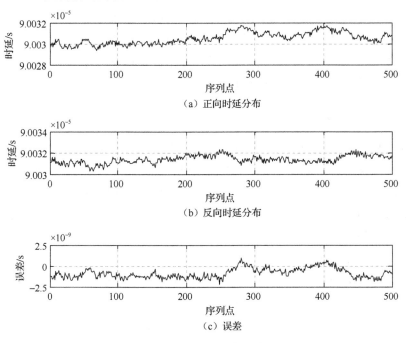

（a）正向时延分布

（b）反向时延分布

（c）误差

图 4.8　所测设备时延图

如图 4.8 所示，试验所用设备单向时延量级约为 90μs，正反传播可抵消大部分时延，因此，必须修正单向传播的设备时延，而双向传播一般可抵消设备正反不一致时延。

## 2. 上下行链路传输时延误差

式（4.9）中（$t_{ATropo} - t_{TropoA}$）与（$t_{BTropo} - t_{TropoB}$）分别表示上下行链路传输时延 $t_{iTropo}$、$t_{Tropoi}$。此处对传输路径做了简化分离，将传输路径简化为上行至散射体后下行的分段路径，在满足对流层散射通信相关设置和配置的前提下，上下行路径大致相同，利用双向时间比对原理，相减后能够减小因传输路径带来的比对误差，在这种条件下，近似认为该项对精度影响较小。4.4 节将结合具体的对流层传播延迟模型对对流层传播延迟误差进行建模例证分析。

## 3. 散射时延误差

TWT[3] 方法中，设备时延误差一般通过事先校准、事后补偿处理，上下行链路传输时延误差则可根据 TWTT 原理进行对消从而减小对同步精度的影响，而散射时延误差则较复杂。

从公开检索文献情况分析来看，尚未发现研究对流层散射时延误差的相关文献发表，本书借鉴对流层天顶延迟模型来估计对流层散射时延误差，主要基于如下考虑：一是二者研究对象均为信号经过对流层散射体后所产生的各种效应而导致的时延误差，二是 TWT[3] 方法中比对时间相对较短，对流层环境相对稳定，且利用 TWTT 原理能够减小系统误差，即模型误差，从而提高估计精度[3]。

对流层大气主要包含空气中大部分水汽和一部分干燥气体，对应的对流层延迟可以分为湿延迟和干延迟，如式（4.10）所示。

$$d_{\text{TropoM}} = d_{\text{dryM}} + d_{\text{wetM}} \tag{4.10}$$

其中，$d_{\text{TropoM}}$、$d_{\text{dryM}}$ 和 $d_{\text{wetM}}$ 分别表示对流层延迟、干延迟和湿延迟。

为了估计对流层延迟，国内外学者建立并研究了 Hopfield 模型、Saastamoinen 模型、EGNOS 模型[11-13]等，之后又建立了基于映射函数的对流层延迟模型[14-16]，严豪健建立了大气折射母函数模型[17, 18]，在低仰角时具有较好的收敛性。下面介绍前三种模型。

1）Hopfield 模型

Hopfield 模型如式（4.11）~式（4.12）所示：

$$d_{\text{dryH}} = 10^{-6} K_1 \frac{P}{T} \frac{h_{\text{dry}} - h_1}{5} \tag{4.11}$$

$$d_{\text{wetH}} = 10^{-6} \left[ K_3 + 273(K_2 - K_1) \right] \frac{e}{T^2} \frac{h_{\text{wet}} - h_1}{5} \tag{4.12}$$

$$h_{\text{dry}} = 40136 + 148.72(T - 273) \tag{4.13}$$

其中，$d_{\text{dryH}}$ 和 $d_{\text{wetH}}$ 分别表示 Hopfield 模型下的对流层干延迟和湿延迟；根据大量观测数据和实验总结，湿大气层位于对流层大气底层，其层顶高度 $h_{\text{wet}} = 11000\text{m}$；$h_{\text{dry}}$ 表示干大气层顶高度；$h_1$ 为测站高度（m）；$T$ 为测站温度（K）；大气折射常数 $K_1 = 77.604\,\text{K/mbar}$；$K_2 = 64.79\,\text{K}^2/\text{mbar}$；$K_3 = 377600\,\text{K}^2/\text{mbar}$；地面大气压力 $P = 1013.25\text{mbar}$；水汽压 $e = 11.69\text{mbar}$。

2）Saastamoinen 模型

Saastamoinen 模型修正公式如式（4.14）~式（4.16）所示：

$$d_{\text{dryS}} = 0.002277 P / f(\varphi, h_2) \tag{4.14}$$

$$d_{\text{wetS}} = 0.002277 e \left( \frac{1255}{T} + 0.005 \right) \bigg/ f(\varphi, h_2) \tag{4.15}$$

$$f(\varphi, h_2) = 1 - 0.0026 \cos 2\varphi - 0.00028 h_2 \tag{4.16}$$

其中，$d_{dryS}$ 和 $d_{wetS}$ 分别表示 Saastamoinen 模型下对流层干延迟和湿延迟；$h_2$ 为测站高度（km）；$\varphi$ 为测站纬度；$T$、$P$ 和 $e$ 定义同 Hopfield 模型。

　　3）EGNOS 模型

　　EGNOS 模型利用海平面天顶延迟计算测站天顶延迟，如式（4.17）～式（4.20）所示：

$$d_{dryE} = z_{dry}\left[1 - \frac{\beta H}{T'}\right]^{\frac{g}{R_d\beta}} \tag{4.17}$$

$$d_{wetE} = z_{wet}\left[1 - \frac{\beta H}{T'}\right]^{\frac{(\lambda+1)g}{R_d\beta}-1} \tag{4.18}$$

$$z_{dry} = \frac{10^{-6}k_1' R_d P'}{g_m} \tag{4.19}$$

$$z_{wet} = \frac{10^{-6}k_2' R_d}{g_m(\lambda+1) - \beta R_d} \cdot \frac{e'}{T_0} \tag{4.20}$$

其中，$d_{dryE}$ 和 $d_{wetE}$ 分别表示 EGNOS 模型下对流层干延迟和湿延迟；$H$ 和 $T'$ 分别为平均海平面天顶湿延迟和干延迟；$T'$ 为平均海平面温度（K）；$H$ 为接收机的高度（m）；$k_1' = K_1 = 77.604\,\mathrm{K/mbar}$；$k_2' = 382000\,\mathrm{K^2/mbar}$；$R_d = 287.054\,\mathrm{J/(kg \cdot K^{-1})}$；$g_m = 9.784\,\mathrm{m/s^2}$；$g = 9.80665\,\mathrm{m/s^2}$；$e'$ 和 $P'$ 分别为海平面水汽压（mbar）和气压（mbar）；$T_0$、$\lambda$、$\beta$ 与测站所处的地理位置和气候条件相关，具体可参阅文献[12]。

　　根据 IGS 官方网站[①]提供的对流层天顶延迟数据和气象数据，选取我国武汉站（WUHN）、北京房山站（BJFS）和乌鲁木齐站（URUM）等 IGS 测站进行分析，测站基本情况见表 2.1。

　　随机选择 2012 年第一至第七个年积日（DOY）的气象数据，采用 Hopfield 模型、Saastamoinen 模型和 EGNOS 模型进行计算分析，将计算结果和 IGS 官网公布的对流层延迟数据作差后计算偏差均值和均方差。以 BJFS 站为例，根据 2012 年 DOY1～DOY7 气象数据，计算该站在三种不同模型下的偏差分布情况，其偏差均值和均方差分布分别如图 4.9 和图 4.10 所示。

---

① www.igs.org，ftp://igscb.jpl.nasa.gov，ftp://cddis.gsfc.nasa.gov 等。

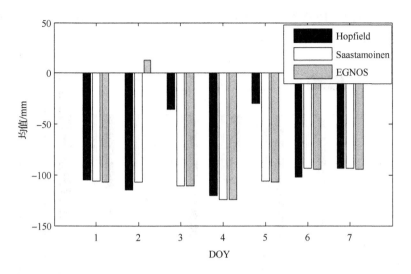

图 4.9　不同模型下 BJFS 站 DOY1～DOY7 偏差均值对比图

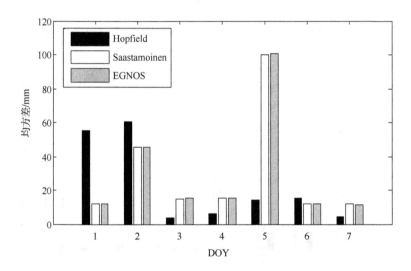

图 4.10　不同模型下 BJFS 站 DOY1～DOY7 均方差对比图

　　由图 4.9 可知,不同模型计算的 BJFS 站的偏差均值绝对值整体分布在 100mm 左右,最大偏差在 120mm 左右,三者精度大致相当;由图 4.10 可知,不同模型计算的 BJFS 站的均方差在不同的年积日中差别较大,总体上讲,Hopfield 模型精度稍高,Saastamoinen 模型和 EGNOS 模型精度相当。

　　上述分析的是同一测站在不同模型下的误差分布情况,下面对比分析不同测站在同一模型下的误差分布情况。选择上述三个测站,选用 Hopfield 模型来分别计算 2012 年 DOY1～DOY7 共 7 天的偏差均值和均方差，其计算结果分别如图 4.11 和图 4.12 所示。

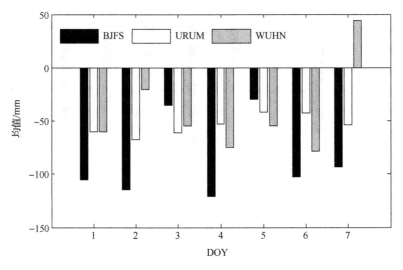

图 4.11　Hopfield 模型下三个测站 DOY1～DOY7 偏差均值对比图

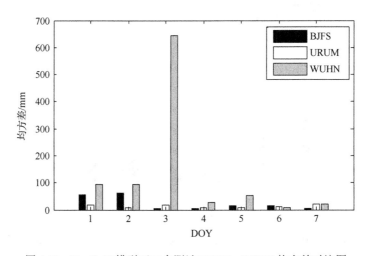

图 4.12　Hopfield 模型下三个测站 DOY1～DOY7 均方差对比图

由图 4.11 可知，Hopfield 模型下不同测站的偏差均值分布差别较大，总体上，URUM 站偏差均值较小，BJFS 站较大，最大值在 120mm 左右。由图 4.12 可知，与另外两个测站相比，URUM 站均方差较小，WUHN 站 DOY3 的观测数据不完整，造成数据波动较大[3]。

对流层位于大气层的底层，因此直接与地面气象、气候情况相关。虽然对流层大气环境是一种随机环境，但对流层相关特性与测站所处的经纬度和季节呈现一定的相关性[19]，其具有以年为单位的统计特性，即对流层环境具有统计特性，对应的 TWT[3] 时延误差也具有与之对应的统计特性。

# 4.3 散射链路传输特征分析

## 4.3.1 理论分析

对流层散射通信是利用对流层大气的不均匀性对电磁波的散射或者反射作用而实现的一种超视距通信方式。由于对流层内湿度、温度、压强局部变化起伏强烈，形成大量的不均匀体，表现为大小不同、形状各异并且运动快慢不一的空气涡旋、云团边际和某种渐变层结等，无线电波遇到这些不均匀体时会产生二次辐射，从而实现散射通信。这些不均匀体的不均匀性又体现在大气折射率上，使得大气折射率随着交叉体积内部微观结构的变化而随机变化，从而导致对流层散射通信在接收端接收到的信号是随机变化的，也就是一个随机过程。

有关对流层散射通信传输机理，主要包括稳定层相干反射、不规则层非相干反射、湍流非相干散射等三种。这三种散射机理中，引起散射的不均匀体不同，从而使交叉体积内散射体的介电常数不同，因此导致散射模式不同的本质是散射体相对介电常数起伏值 $\Delta \varepsilon_r$ 的不同。每一种机理都有部分试验作为支撑，由于对流层散射信道是一种高度随机性的变参信道，实际散射链路中，认为三种机理一般不单独存在，而是以两种或者三种形式复合形成的一种混合传输模式，如湍流非相干散射和不规则层非相干反射共存，此情况下接收信号场强服从瑞利分布，或者稳定层相干反射与其他两种机理共存，场强服从莱斯分布。为进一步研究散射机理，得出监视系统接收信号特点，可设计相关散射链路试验，并通过实测接收数据识别散射机理[20]。

本节从理论上分析不同散射机理下的信号特点，为利用真实散射链路数据研究信号特征奠定基础。

### 1. 稳定层相干反射

稳定层相干反射机理如图 4.13 所示。

稳定层相干反射认为二次辐射边界既不是湍流运动形成，也不是冷暖气流之间的交界，而是正常分层大气中温度、压强的突然变化，使得在某些高度上出现了满足反射现象的边界，当在一定高度范围内出现多个这样的边界时，形成了等效分层媒质。由于交叉体积内形成了等效媒质，此时散射体内的介电常数 $\varepsilon$ 随高度呈非线性变化，忽略水平不均匀性的影响，可以认为介电常数 $\varepsilon$ 只与高度有关，从而介电常数 $\varepsilon$ 的等值面是与地面同心的球面。因此可以将对流层按高度连线分成一系列薄层，各薄层内的 $\varepsilon$ 是个常数，相对于其他薄层的介电常数都有所改变，

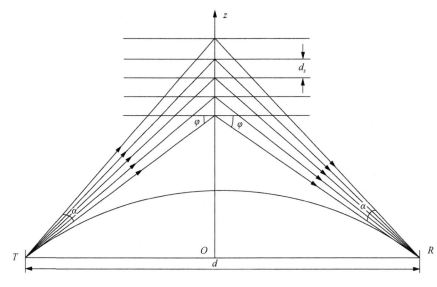

图 4.13　稳定层相干反射机理示意图

$\varepsilon$ 只在垂直方向上有变化。当电波入射时，使得接收点收到了来自不同高度薄层的反射叠加，相当于广义多径现象，且这些多径之间具有相对稳定的相位关系，表现为一定的相位相干叠加特性。研究表明，单独的相干反射机制是很难存在的，即使存在，也会受到传输链路中环境等因素的"污染"。

2. 湍流非相干散射

湍流散射理论又称为对流层湍流结构的非相干散射理论，是三种散射机制中发展较为完善的，可以单独地解释对流层散射现象。它的形成是对流层内的不均匀介质团引起的。

对流层中存在着大气的湍流运动，从而出现了各种不同尺度的旋涡，其不断地运动和变化，密度、形状和尺寸不断地改变，因此相应的介电常数也不断地变化，且以随机的方式在某一平均值附近起伏变化。由各种不同起伏值 $\Delta\varepsilon$ 决定的对流层湍流团称为大气介电特性不均匀体，当无线电波投射到这种不均匀体时，其中每一个区域的不均匀体上都感应电流，这些不均匀体就如基本偶极子，成为一个等效二次辐射体，每个等效二次辐射体均对特定接收点提供一个散射场强分量，这就形成了湍流介电特性不均匀体散射效应的散射传播模式。根据上述湍流散射机理可知，入射波作用在区域任何一点会形成偶极矩，从而形成随机偶极矩散射叠加效应，因为不同偶极矩在接收点的相位随机变化，所以呈现出非相干叠加特性，这样就形成了湍流非相干散射机制。

大气湍流是分层大气结构局部空间的一种伴随随机现象，且湍流结构出现的空间位置也呈现出随机特性。湍流运动导致大气介电特性呈现空间不均匀性，当电磁波与湍流结构相互作用时，根据电磁波的波长、湍流结构介电常数空间梯度特性以及湍流结构空间尺度特征，有可能发生散射或者反射、折射传播现象。事实上，虽然科学家们经过长期研究，但对湍流的基本物理机制依然不是十分清楚，电磁波和湍流相互作用过程也尚不十分明确，也就是说电磁波遇到湍流结构时，并没有确切的模型去判断何时发生反射、折射传播效应，何时发生散射传播效应。虽然湍流散射效应发展至今已经可以很好地解释对流层散射现象，但是在实际散射情况中，独立的湍流非相干散射现象很难单独存在，通常是与其他两种散射机制共同存在。

　　湍流非相干散射场强推导示意图如图 4.14 所示。

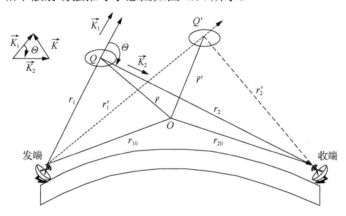

图 4.14　湍流非相干散射场强推导示意图

　　图 4.14 中，在散射湍流区任选 $O$ 为坐标原点，相对 $O$ 位置矢量 $\vec{r}$ 处的 $Q$ 点介电常数为

$$\varepsilon(\vec{r},t)=\varepsilon_0+\Delta\varepsilon(\vec{r},t) \qquad (4.21)$$

其中，$\Delta\varepsilon$ 表示 $\varepsilon$ 的起伏值，随时间和空间变化。在入射电场 $\left|\overrightarrow{E_1}\right|$ 作用下，对于 $O$ 点为中心的体积元 $\mathrm{d}V$ 会出现位移电流，微分电矩可表示为

$$\mathrm{d}p=\Delta\varepsilon(\vec{r},t)\left|\overrightarrow{E_1}\right|\mathrm{d}V \qquad (4.22)$$

其中，$\mathrm{d}p$ 以 $C\cdot m$ 计。对 $Q$ 点而言，$\left|\vec{r_2}\right|$ 处形成接收点，接收点的散射场强 $\mathrm{d}E_2$ 可表示为

$$\mathrm{d}E_2=k^2\sin\alpha\mathrm{d}U \qquad (4.23)$$

其中，$\mathrm{d}E_2$ 以 $V\cdot m^{-1}$ 计；参数 $\alpha$ 为 $\overrightarrow{E_1}$ 和 $\vec{r_2}$ 的夹角；参数 $k$ 表示波数；$\mathrm{d}U$ 以 $V\cdot m$ 计，具体可表示为

$$\mathrm{d}U=\frac{\mathrm{d}p}{4\pi\varepsilon_0\left|\vec{r_2}\right|} \qquad (4.24)$$

将 d$U$ 及 d$p$ 代入式（4.23）可得 d$E_2$ 与 d$V$ 的关系，即

$$dE_2 = \frac{k^2 \sin\alpha \Delta\varepsilon(\vec{r},t)\left|\vec{E_1}\right|}{4\pi\left|\vec{r_2}\right|}dV \tag{4.25}$$

对湍流区积分并进一步简化，最终可将接收场场强表示为

$$\begin{cases} E = \dfrac{\sqrt{30}k^2}{4\pi}\exp\{-jk(r_{10}+r_{20})\}\displaystyle\int_V \dfrac{\sqrt{P_0}\,\Delta\varepsilon(\vec{r},t)\sin\alpha\,\mathrm{e}^{-j\vec{K}\vec{r}}}{r_1 r_2}dV \\[4mm] E = \dfrac{1}{\sqrt{2}}\dfrac{\sqrt{30}k^2}{4\pi}\exp\{-jk(r_{10}+r_{20})\}\displaystyle\int_V \dfrac{\sqrt{P_0}\,\Delta\varepsilon(\vec{r},t)\sin\alpha\,\mathrm{e}^{-j\vec{K}\vec{r}}}{r_1 r_2}dV \end{cases} \tag{4.26}$$

由于不同二次辐射电波的相位随机变化，接收点呈现与稳定层相干反射不同的非相干叠加特性。

### 3. 不规则层非相干反射

不规则层非相干反射是温度、湿度、压强急剧变化形成的锐变层引起的，其示意图如图 4.15 所示。

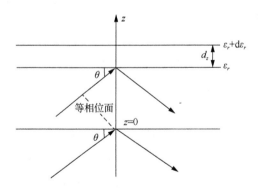

图 4.15　不规则层非相干反射接收信号辅助示意图

对于不规则层非相干反射，大气介电常数沿高度不均匀分布，接收点总场强 $E_{\mathrm{T}}$ 可表示成多个反射回波的总和，即

$$E_{\mathrm{T}} = \sqrt{\sum_{i=1}^{N_{\Delta\varepsilon_r}}\left|E_{R\_i}\right|^2} \tag{4.27}$$

其中，$N_{\Delta\varepsilon_r}$ 表示发射过程的总数；$E_{R\_i}$ 可表示为

$$E_{R\_i} = \frac{E_0}{4\sin^2\theta_{g\_i}}\int_0^{h\_i}\frac{\mathrm{d}\varepsilon_r}{\mathrm{d}h}\mathrm{e}^{-j\frac{4\pi\sin\theta_{g\_i}}{\lambda}}\mathrm{d}h \tag{4.28}$$

其中，$\theta_{g\_i}$ 表示入射电波同反射层的夹角；$h\_i$ 表示发射面的等效厚度。单个反射过程的信号相位关系稳定，相当于相干叠加。大气中随机存在多个类似的反射过程，不同反射过程的信号相位关系不稳定，因此接收信号以簇形式存在，各簇内部相干，簇之间独立。

### 4. 总体分布规律

综上所述，在稳定层相干反射机理下，散射信号是相干的；在湍流非相干散射机理下，散射信号是独立的；在不规则层非相干反射机理下，散射信号是相干和独立共存的。为进一步识别实际散射链路中的散射机理，可结合具体散射链路，从散射信号的统计特性方面进行分析。

当三种机制共存时，可将散射链路的接收信号成分划分为两类：第一类为稳定层相干反射引入的分量，大气中出现的尖峰绕射和悬空波导也属于这一类；第二类为湍流团以及不规则层产生的分量。分析可知，第一类在短时间内较为稳定，而第二类的幅度和相位变化速率较快，且变化方式相互独立、难以预测。故接收到的散射信号可表示为

$$\vec{H} = \vec{H}_0 + \sum_i H_i \tag{4.29}$$

其中，$\vec{H}_0$ 表示由稳定层相干反射造成的第一类分量；$H_i$ 表示第二类分量，其幅度以及相位受时间、空间和频率影响。分量 $H_i$ 一般满足两个条件，一是其功率小于总功率；二是 $H_i$ 的相位 $\varphi_i \in [-\pi, \pi]$，且在该区间内均匀分布。因此，可根据 $\vec{H}_0$ 的状态分为两种情况，当 $\vec{H}_0 = 0$ 时，此时散射链路仅包括湍流非相干和不规则层非相干两种，接收场强服从瑞利分布；当 $\vec{H}_0 \neq 0$ 时，稳定层相干反射与其他机制共存，接收场强服从莱斯分布。当湍流非相干和不规则层非相干共存或稳定层较弱可忽略时，信号矢量可表示为

$$\vec{H} = \sum_i H_i = \sum_i E_i \mathrm{e}^{\mathrm{j}\varphi_i} = \sum_i x_i + \mathrm{j}\sum_i y_i \tag{4.30}$$

各分量的功率要远小于总功率，各路径分量彼此相互独立，相位在 $[-\pi, \pi]$ 等概率分布，即当 $i \neq j$ 时，有

$$\begin{cases} \overline{x_i x_j} = \overline{E_i \cos\varphi_i E_j \cos\varphi_j} = 0 \\ \overline{y_i y_j} = \overline{E_i \sin\varphi_i E_j \sin\varphi_j} = 0 \end{cases} \tag{4.31}$$

　　参数 $x$ 、 $y$ 符合中心极限定理，一般认为 $x$ 、 $y$ 均值均为 0 且服从正态分布，最终得到联合概率密度函数为

$$p(x,y) = p(x)p(y) = \frac{1}{2\pi\psi_0}\exp\left(-\frac{x^2+y^2}{2\psi_0}\right) \tag{4.32}$$

其中， $\psi_0$ 表示平均载波功率，可表示为 $\psi_0 = D(x) = D(y) = \overline{E_i^2}\big/2$ 。结合 $x$ 、 $y$ 与 $E$ 的关系可得

$$p(E,\varphi) = p\left[x(E,\varphi); y(E,\varphi)\right]\left|\frac{\partial(x,y)}{\partial(E,\varphi)}\right| = \frac{E}{2\pi\psi_0}\exp\left(\frac{E^2}{2\psi_0}\right) \tag{4.33}$$

　　最终可得接收信号幅度以及相位的概率密度函数分别为

$$\begin{cases} p(E) = \displaystyle\int_{-\pi}^{\pi} p(E,\varphi)\mathrm{d}\varphi = \frac{E}{\psi_0}\exp\left(\frac{E^2}{2\psi_0}\right) \\ p(\varphi) = \displaystyle\int_{0}^{\infty} p(E,\varphi)\mathrm{d}E = \frac{1}{2\pi} \ (-\pi \leqslant \varphi \leqslant \pi) \end{cases} \tag{4.34}$$

　　当稳定层反射信号较强且与其他散射机理共存时，信号矢量可表示为

$$\vec{H} = \vec{\alpha} + \sum_i H_i = \sum_i E_i \mathrm{e}^{\mathrm{j}\varphi_i} = \vec{\alpha} + \sum_i x_i + \mathrm{j}\sum_i y_i \tag{4.35}$$

其中，常矢量 $\vec{\alpha}$ 表示分量 $\vec{H_0}$ 。在此情况下，参数 $x-\alpha$ 、 $y$ 与上述瑞利分布时的性质一致，故可推导得

$$\begin{cases} p(E) = \dfrac{E}{\psi_0}\exp\left(-\dfrac{\alpha^2+E^2}{2\psi_0}\right)I_0\left(\dfrac{\alpha E}{\psi_0}\right) \\ p(\varphi) = \dfrac{1}{2\pi}\left\{1 + \sqrt{\pi}G\mathrm{e}^{G^2}\left[1+\varPhi(G)\right]\right\}\exp\left(-\dfrac{\alpha^2}{2\psi_0}\right) \end{cases} \tag{4.36}$$

　　其中， $I_0$ 表示零阶虚宗量贝塞尔函数，即 $I_0 = 1/\pi\int_0^\pi \mathrm{e}^{\alpha\cos\varphi}\mathrm{d}\varphi$ 。定义参数 $\gamma$ 及 $G$ 分别如下：

$$\begin{cases} \gamma = \dfrac{\alpha\cos\varphi}{\sqrt{2\psi_0}} \\ G = \dfrac{\alpha\cos\varphi}{\sqrt{2\pi}} \end{cases} \tag{4.37}$$

　　稳定层分量很强时， $\gamma^2$ 远大于 1 ，说明此时信号幅度在 $\vec{\alpha}$ 附近变化，相位在

0 附近变化,而信号概率密度函数又服从莱斯分布,化简式(4.36)中的概率密度函数,可得

$$\begin{cases} p(E) = \dfrac{1}{\sqrt{2\pi\psi_0}}\exp\left(-\dfrac{(E-\alpha)^2}{2\psi_0}\right) \\ p(\varphi) = \dfrac{\gamma}{\sqrt{\pi}}\exp\left(-\gamma^2\varphi^2\right) \end{cases} \tag{4.38}$$

以上推导得到不同散射机理下的接收信号分布规律,接下来通过实际链路的实测数据进一步识别真实情况下的散射机理。

### 4.3.2 链路试验设计

为获取真实散射链路接收数据,利用相关设备建立空军工程大学中心校区(N34°17′2.5″,E109°1′19.862″)和三原校区(N 34°38′41.309″,E108°58′25.83″)两地间的散射链路,两地相距约 40km。

散射链路传输速率为 512kbit/s,利用相关设备记录 2018 年 5 月 3 日上午 9 时至 5 月 4 日上午 9 时共 24 小时数据,天气晴,图 4.16 示出了采集的中频信号幅度。

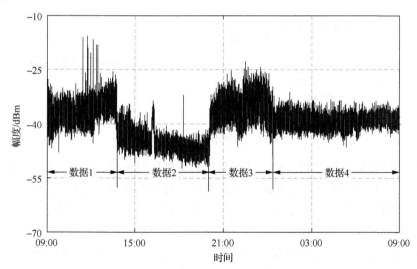

图 4.16 散射链路实测数据

由图 4.16 可知,散射链路衰落导致接收信号起伏变化明显;信号最强时段是晚上,较弱时段在下午,该现象与一天中慢衰落的变化规律相似;整段数据内,幅度突变现象多处存在,在上午九点到中午之间尤为明显,该现象很可能是飞行物进入散射链路造成的。

上述实际散射链路试验获得的是功率信号 $P_t$，在进行散射机理识别之前，将其转换为场强，可表示为

$$E(\mathrm{dBuV/m}) = P_t(\mathrm{dBm}) + 20\lg f - G_r + 77.2 \qquad (4.39)$$

其中，载频 $f$ 以 MHz 计；$G_r$ 表示接收天线增益。

由图 4.16 可知，将实测数据按照时间和幅度分为四段，利用随机理论分析数据时，目标序列内部要求互不相关，即平稳互不影响。引入自相关函数评估序列的平稳性，若相关系数为零，则认为两个随机变量不相关。Matlab 提供的自相关函数评价显示，四组数据随着延迟数的增加，相关函数幅度衰减较快，最终在零值附近波动，故可认为四组时间序列均是平稳的。图 4.17 为后两组实测数据的自相关函数。

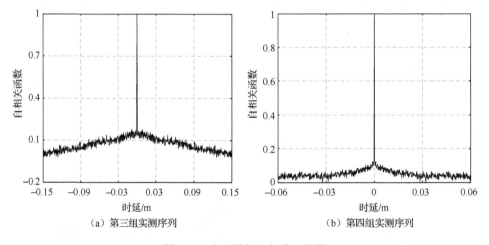

（a）第三组实测序列　　　　　　　　　（b）第四组实测序列

图 4.17　实测数据自相关函数图

确定所测数据符合要求后，即可利用其识别散射机理和信号特征。当服从莱斯分布时，稳定层相干反射机制存在，接收信号中存在相干信号。若更接近瑞利分布，说明链路中没有稳定层相干反射，多径信号之间的独立程度较高，但仍然包含不规则层非相干反射导致的多簇内部相干的信号。

从功率谱角度识别不同数据对应的散射机理，在此过程中，根据原始实测数据方差 $\sigma^2$、平均载波功率 $\psi_0$ 和场强均值 $\overline{E}$ 等参数拟合出理想情况对应的莱斯分布和瑞利分布数据，然后根据周期图法得到实测时间序列对应的功率谱。图 4.18 示出了第一组数据对应的三种功率谱，由于无法从直观上看出三条曲线的相似程度，引入相关系数指标来评估曲线之间的相似性，表 4.1 列出了四组数据与理想瑞利分布和莱斯分布之间的相关系数。

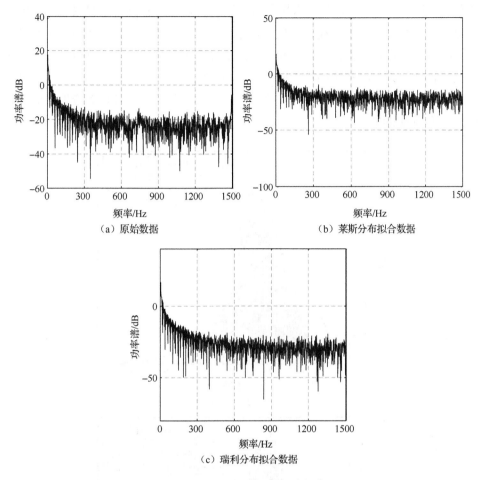

（a）原始数据　　　　　　　　　　　　　　（b）莱斯分布拟合数据

（c）瑞利分布拟合数据

图 4.18　部分数据对应的功率谱

**表 4.1　四组数据功率谱之间的相关系数**

| 数据分类 | 第一组 | 第二组 | 第三组 | 第四组 |
| --- | --- | --- | --- | --- |
| 瑞利分布 | 0.06 | 0.11 | 0.03 | 0.07 |
| 莱斯分布 | 0.12 | 0.09 | 0.15 | 0.03 |

由表 4.1 可知，第一、三组数据与莱斯分布相似性更高，故此时散射链路接收信号中存在相干信号，第二、四组数据更符合瑞利分布，散射链路中湍流非相干散射以及不规则层非相干反射机制共存。总体而言，在不同时刻，散射链路对应着不同的散射机理，信号的形式也不尽相同。

除从谱功率角度识别外，概率密度拟合也可识别数据类型。同样先根据原始

实测数据的 $\sigma^2$、$\psi_0$ 及 $\overline{E}$ 等参数拟合出莱斯分布和瑞利分布对应的数据，画出不同数据对应的概率密度曲线，之后进行相似性判断。通过对比三条曲线走势以及由曲线间相关系数可得，第一组和第三组更偏向莱斯分布，即该时段内稳定层相干反射存在，第二组和第四组偏向瑞利分布，此时稳定层相干反射不存在，仅有其他两种机理。图 4.19 示出了第一组和第二组实测数据以及各自对应拟合数据的概率密度函数曲线。

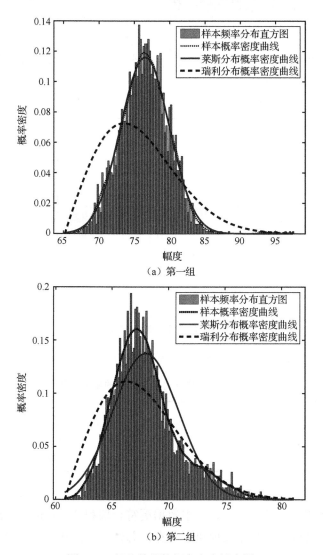

（a）第一组

（b）第二组

图 4.19　部分数据的概率密度拟合图

# 4.4 对流层传播斜延迟分析

## 4.4.1 对流层传播斜延迟模型

对流层传播斜延迟与对流层天顶延迟间的几何对应关系如图 4.20 所示,将对流层天顶延迟分为静力学天顶延迟(ZHD)和湿天顶延迟(ZWD)两部分,将斜延迟也对应分为静力学斜延迟(slant hydrostatic delay,SHD)和湿斜延迟(slant wet delay,SWD)两部分。

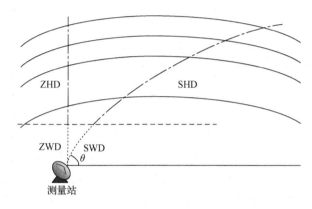

图 4.20 斜延迟与天顶延迟几何对应关系示意图

由图 4.20 几何关系可得

$$\begin{cases} SPD = SHD + SWD \\ SHD = ZHD \cdot MF_h \\ SWD = ZWD \cdot MF_w \end{cases} \quad (4.40)$$

针对对流层斜延迟,以对流层散射模型为基础,对 TWT[3] 中对流层斜延迟进行建模分析。为便于建模分析,做如下假设:

(1)结合映射函数的分层理论,将对流层大气简化成分层大气,层内折射率和气象条件相同;

(2)对流层高度与具体气象条件密切相关,假设为 15km;

(3)在对流层散射通信中,尽管电磁信号在对流层大气中传输路径各异,也可能不全部经过整个对流层,为了能够得到延迟最大值,假设上下行信号路径均包括整个对流层大气。

基于这种假设,结合图 4.20 所示的斜延迟与天顶延迟几何关系,简化得到对流层延迟反射机理示意图，如图4.21所示（根据映射函数的简化原理，电波实际路径用直线简化标示）。设A、B两站的高度角为$\theta$。

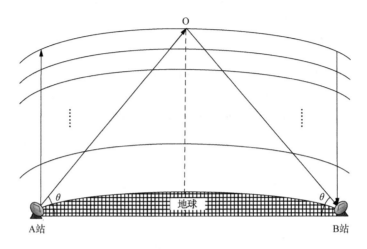

图4.21 对流层延迟反射机理示意图

图4.21中，A站高精度1PPS信号通过相关信号处理方法从发射机发射出去后，经过对流层延迟到达对流层散射点O，经过大量反射和折射后到达B站，根据对流层散射机理，只有与B站接收天线方向一致的反射信号才能到达B站。可用如下理论来解释：散射体内充斥着大量有极分子，其类似于小偶极子天线，在电磁信号的作用下，在其天线方向产生二次辐射，只有少量与发射波的波前相切的偶极子天线才能受到最大的激励，其二次辐射波强度最大，只有这样才能形成前向散射波。这部分少量有极分子被接收天线有效接收的条件是其天线的轴向与接收天线的线极化方向一致[20, 21]。B站信号传输至A站的过程与此类似。

根据Snell定理和电波传输可逆性原理，在简化分层的对流层大气中，图4.21中对流层A→B传输过程可以分解为A→O→B过程，结合对流层斜延迟和天顶延迟的几何关系，将A→O和O→B过程分别利用A、B两站的气象地理条件进行延迟计算，得

$$\begin{cases} d_{AB} = d_{AO} + d_{OB} \\ d_{AO} = SHD_A + SWD_A \\ d_{OB} = SHD_B + SWD_B \end{cases} \tag{4.41}$$

其中，$d$代表延迟值。

## 4.4.2 对流层传播斜延迟误差

对流层斜延迟的数据来源于测站实际气象数据，考虑到测站情况和对流层散

射通信的实际距离,以及国内 GPS 测站分布较为分散的实际情况,本节选取与我国气象特征类似且测站分布密集的日本地区四个 GPS 测站进行运算分析,所选测站基本地理情况如表 4.2 所示。

表 4.2　所选测站基本地理情况

| 标注代号 | 测站 | 北纬/(°) | 东经/(°) |
|---|---|---|---|
| A | TSKB | 36.11 | 140.09 |
| B | KSMV | 35.96 | 140.66 |
| C | KGNI | 35.71 | 139.49 |
| D | USUD | 36.13 | 138.36 |

根据测站地理位置信息和相关对流层假设,计算比对站之间的距离 $L$ 和高度角 $\theta$ 如表 4.3 所示。

表 4.3　比对站间的部分参数

| 参数 | A&C | A&D | C&D | B&C |
|---|---|---|---|---|
| $L$/km | 70.06 | 155.58 | 112.09 | 109.1 |
| $\theta$/(°) | 23.20 | 10.93 | 15.01 | 15.38 |

分别采用 NMF/VMF1/GMF 三种映射函数模型计算表 4.3 中四组测站间的总斜延迟分布曲线,并根据分布情况对其进行拟合。如图 4.22～图 4.24 所示,散点图为实际计算的 SPD 结果分布图,曲线图为散点分布的二阶傅里叶拟合曲线图。

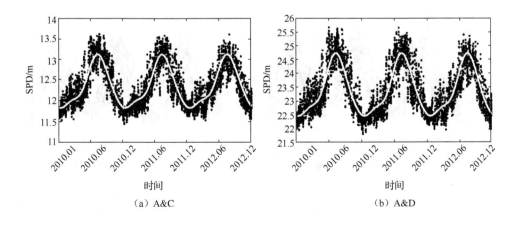

(a) A&C　　　　　　　　　　　　　　(b) A&D

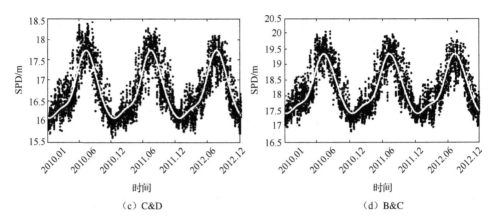

（c）C&D　　　　　　　　　　　（d）B&C

图 4.22　NMF 模型下各站间 SPD 分布曲线图

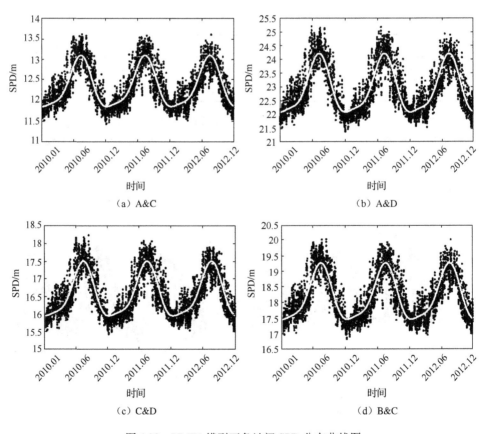

（a）A&C　　　　　　　　　　　（b）A&D

（c）C&D　　　　　　　　　　　（d）B&C

图 4.23　VMF1 模型下各站间 SPD 分布曲线图

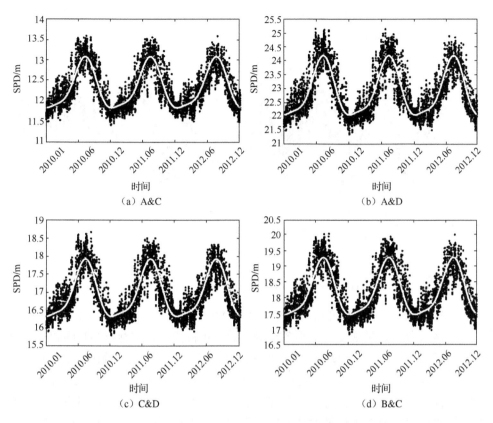

图 4.24　GMF 模型下各站间 SPD 分布曲线图

由图 4.22~图 4.24 可知，所选测站之间 SPD 呈年周期余弦函数分布，一个周期内，波峰/波谷大致出现在夏季/冬季，峰峰值差值在 2~3m；随着通信传输距离的增加，高度角相应减小，使得 SPD 增大；当两组测站间距离相差不大时，其对应的 SPD 分布特性不满足随距离增加而减小的特性，因为距离只是影响 SPD 分布的因素之一，当两组测站距离近似时，SPD 与实测数据密切相关，观测时刻的测站周围环境因素对 SPD 分布的影响可能更大。对比分析同一测站对（如 A&D）在不同映射函数模型下的 SPD 分布情况可知，不同映射函数下的 SPD 大致相同，而 GMF 根据数值天气模型计算得到的 SPD，可近似实时的计算，从而克服了 VMF1 在参数获得方面存在 34h 时延的缺点，且其精度与 VMF1 相当，此即为 GMF 的优势所在。

为了计算对流层散射双向时间比对授时的斜延迟，需要分析链路延迟误差。根据对流层散射双向时间比对授时原理，在比对时刻近似认为对流层散射环境稳定，则两站间信号传输路径上的误差可能来自二者比对时刻高度角的微小变化。当

$\Delta\theta = -0.01°$ 时，GMF 下，计算表 4.3 中前两组测站间双向时间比对 SPD 误差，其分布情况如图 4.25 所示。

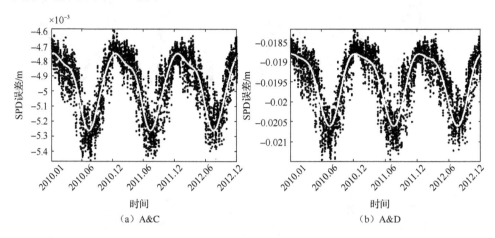

图 4.25　GMF 下测站间 SPD 误差分布曲线图（$\Delta\theta = -0.01°$）

由图 4.25 可知，高度角的微小变化（$\Delta\theta = -0.01°$）导致延迟误差变化近似呈余弦函数分布，呈现夏季最小冬季最大的分布特征，且波峰持续时间较长，波谷持续时间较短；同时高度角的微小变化导致的延迟误差变化随着比对站之间的距离增大而增加。单向误差最大值约在 3cm，带来的双向时延误差最大大约为 0.2ns；双向时间比对方法的相减对消处理方式能一定程度减小时延误差，然而算例分析是在假设比对时刻对流层散射体近似稳定的前提下进行的，实际对流层散射体是随机变化的，故实际测量值将大于 0.2ns。

虽然所选测站分布在日本地区，但该地区与我国中纬度地区纬度相当，气候特性相似，相关分析得出的结论，对于研究我国相关城市下的对流层传播斜延迟具有借鉴意义。

## 参 考 文 献

[1] 陈西宏, 孙际哲, 刘强. 基于流层散射信道的时间同步方法: ZL201810761137. 7[P]. 2020-3-17.

[2] LIU Q, SUN J Z, CHEN X H. High precision over-the-horizon time transfer by a 40. 5km tropospheric link[C]. 2019 IEEE 3rd International Conference on Electronic Information Technology and Computer Engineering (EITCE), Xiamen, 2019, 151-154.

[3] 刘强, 孙际哲, 陈西宏, 等. 对流层双向时间比对及其时延误差分析[J]. 测绘学报, 2014, 43(4): 341-347.

[4] 陈西宏, 刘强, 孙际哲, 等. 基于对流层散射信道的双向时间比对方法: ZL201318005828.2[P]. 2016-3-16.

[5] GHOSAL S K, RAYCHAUDHURI B, CHOWDHURY A K, et al. Relativistic sagnac effect and ehrenfest paradox[J]. Foundations of Physics, 2003, 33(6): 981-1001.

[6] MALYKIN G B. Sagnac effect and ritz ballistic hypothesis (review)[J]. Optics and Spectroscopy, 2010, 109(6): 951-965.

[7] VELIKOSELTSEV A, SCHREIBER U, KL GEL T, et al. Sagnac interferometry for the determination of rotations in geodesy and seismology[J]. Gyroscopy and Navigation, 2010, 1(4): 291-296.

[8] TSENG W, FENG K, LIN S, et al. Sagnac effect and diurnal correction on two-way satellite time transfer[J]. IEEE Transactions on Instrumentation and Measurement, 2011, 60(7): 2298-2303.

[9] 刘利, 韩春好. 卫星双向时间比对及其误差分析[J]. 天文学进展, 2004, 22(3): 219-226.

[10] 孙宏伟, 李志刚, 李焕信, 等. 卫星双向时间比对原理及比对误差估算[J]. 宇航计测技术, 2001, 21(2): 55-58.

[11] BEUTLER G, HUGENTOBLER U, PLONER M, et al. Determining the orbits of EGNOS satellites based on optical or microwave observations[J]. Advances in Space Research, 2005, 36(3): 392-401.

[12] 曲伟菁, 朱文耀, 宋淑丽, 等. 三种对流层延迟改正模型精度评估[J]. 天文学报, 2008, 49(1): 113-122.

[13] 黄良珂, 刘立龙, 文鸿雁, 等. 亚洲地区 EGNOS 天顶对流层延迟模型单站修正与精度分析[J]. 测绘学报, 2014, 43(8): 808-817.

[14] NIELL A E. Global mapping functions for the atmospheric delay at radio wavelengths[J]. Journal of Geophysical Research, 1996, 101(B2): 3227-3246.

[15] BOEHM J, SCHUH H. Vienna mapping functions in VLBI analyses[J]. Geophysical Research Letters, 2004, 31: L01603.

[16] BOEHM J, NIELL A, TREGONING P, et al. Global mapping function (GMF): A new empirical mapping function based on numerical weather model data[J]. Geophysical Research Letters, 2006, 33: L07304.

[17] 严豪健. 大气折射母函数方法、大气折射解析解和映射函数[J]. 中国科学院上海天文台年刊, 2004(25): 22-32.

[18] 严豪健. 大气折射的研究进展[J]. 世界科技研究与发展, 2006, 28(1): 48-58.

[19] STEIGENBERGER P, BOEHM J, TESMER V. Comparison of GMF/GPT with VMF1/ECMWF and implications[J]. Journal of Geodesy, 2009, 83: 943-951.

[20] 张明高. 对流层散射传播[M]. 北京: 电子工业出版社, 2004.

[21] 隋占菊. 散射信道特征参数测量技术[D]. 西安: 西安电子科技大学, 2009.

# 第 5 章　融合授时与授时战

单一授时手段存在易受干扰、鲁棒性差、精度低等缺陷，在战时易被摧毁和干扰，严重时将导致分布式组网系统时间系统瘫痪。由多种授时手段组成的融合授时系统，将不同授时结果按一定的算法进行加权融合，获得融合后的授时数据，具有抗干扰能力强和鲁棒性好等优点，可有效提高时间系统战场生存率，因此融合授时方式是一种提升时间系统抗风险能力的重要手段。

## 5.1　授　时　模　式

根据参与授时手段数量的不同，可将授时模式分为单模授时、双模授时和多模授时等方式。

### 5.1.1　单模授时

单模授时是指只有一种授时手段参与授时的授时模式，前面论述的单一授时方式单独进行授时均属于单模授时。单模授时较双模授时、多模授时，授时端只有授时模块，没有模式选择模块，设备较为简单，但存在授时鲁棒性较差，授时中断后该站点无法授时的问题。

单模授时是双模/多模授时的基础，双模/多模授时是单模授时发展必然的结果。

### 5.1.2　双模授时

双模授时是指两种授时手段共同参与授时的授时模式，应用比较多的场景为两种授时模式的选择与切换[1, 2]，如 BDS 与 GPS 两种授时手段组成的双模授时，其切换模式如图 5.1 所示。

由图 5.1 可知，双模授时在设置好初始模式（一般选择 BDS 授时作为初始授时模式）后，进入授时评估判断阶段，主要针对授时信号强度、捕获卫星数目和授时精度等因素进行判断：如果满足 BDS 授时要求，则进行 BDS 授时；如果不满足 BDS 授时要求，则切换至 GPS 授时模式，之后同样进入授时条件判断，如果满足则进行 GPS 授时，若不满足则进入守时模式。分析可知，相对于单模授时，双模授时能够提高授时系统的稳定性和可靠性。

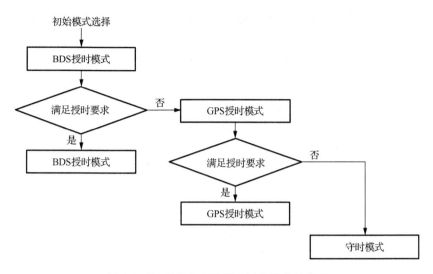

图 5.1　BDS/GPS 双模授时切换模式示意图

### 5.1.3　多模授时

多模授时是多种授时手段同时参与授时的授时模式。多模授时是双模授时的升级版,在进行模式选择后,先进行授时判断,再进行授时。以 BDS 授时、光纤授时、微波授时等组成的多模授时模式切换示意图如图 5.2 所示。

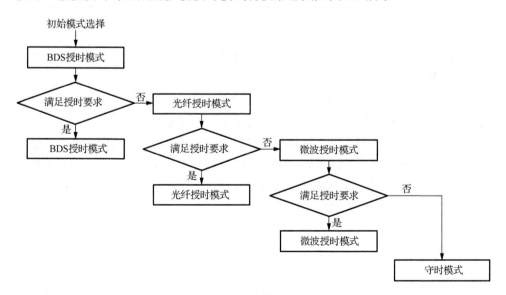

图 5.2　多模授时模式切换示意图

由图 5.2 可知,多模授时从初始模式选择开始,根据实际授时需要选择初始模式，后进行该模式授时精度等指标判断：如果满足授时要求，则选择该模式进行授时；若不满足要求，则按照设计方案进入下一个授时模式选择，进行指标判断和模式选择；若都不满足要求，则进入守时模式。在守时模式中，一方面，本地站原子钟自身可以保持一定程度的高精度运行；另一方面，本地站也可根据已有的钟差数据进行时间序列预报，这部分内容将在第 6 章进行讨论。由图 5.2 还可知，图中的模式选择是按照提前设置好的流程进行的，存在模式选择不灵活、授时效率不高等问题，基于此，可进行模式选择前置，进行动态选择，如图 5.3 所示。

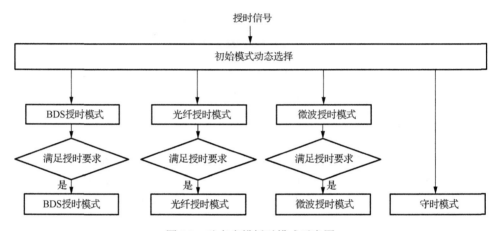

图 5.3 动态多模授时模式示意图

图 5.3 中，当多模授时模块接收到多路授时信号后，进行授时信号的初始处理，后传输至初始模式动态选择模块。该模块对各路授时信号进行评估和判断，主要包括授时信号强度、稳定性和漂移率等，选择最优的授时模式，开始进行授时，若几种授时信号均不满足基本授时门槛要求，则进入守时模式。

图 5.3 中，初始模式动态选择模块可对授时信号进行实时监测和动态评估，根据授时时长和授时周期的不同，对授时信号进行动态评估。当一个授时周期结束后，根据授时情况，重新对授时信号进行评估，再根据评估结果，进行授时模式选择，以实现对授时模式动态选择的目的。

## 5.2　融 合 授 时

双模授时、多模授时是两种或者两种以上的授时模式组合进行模式选择后，选择其中一种模式进行授时，如果该模式不满足授时要求，则进行模式切换，再重复进行判断，直至满足授时要求。若均不满足，则进入守时模式。融合授时也是多种授时手段组成授时组合进行授时，不同于双模授时和多模授时，融合授时需要在授时端进行数据的融合处理，形成融合后的授时数据再进行校钟，以提高授时的鲁棒性和精度。

## 5.2.1　概述

针对融合授时问题，2017 年于帆等研究了 GPS/BD 双模融合的高精度时间同步方法，通过构建权重系数将 GPS 和 BD 信号滤波得到的钟差估计值进行融合，得到了基于 GPS/BD 双模融合授时的驯服系统[3]。2018 年张虹等利用三次样条插值方法、标准偏差加权方法将 TWSTFT 与北斗共视两种比对方法进行了融合授时研究，得出了其可以改善授时稳定性和可靠性的结论[4]。2018 年王宇等研究了 BDS、GPS、B 码三模授时问题，设计了多模授时算法择优选择外部数据信息进行授时，提高了授时可靠性和安全性[5]，但该方法选择一种外部最优的授时手段，并未对三种授时信息源进行融合。2020 年，王威雄等利用 Vondrak-Cepek 组合滤波方法将 TWSTFT 与北斗共视两种比对方法进行了融合授时研究，得出了该融合方法能够改善 TWSTFT 的"周日"效应及授时短期稳定度的结论[6]；同年，他们将 TWSTFT 与 GPS PPP 两种比对方法进行了融合授时研究，利用 Vondrak-Cepek 组合滤波、稳定度加权和 Kalman 滤波等方法进行了对比研究，通过 NTSC 和 PTB 之间的链路数据进行了算例验证，研究表明三种融合方法均能改善 GPS PPP 的"天跳"和 TWSTFT 的"周日"效应，Vondrak-Cepek 组合滤波融合方法的稳定度最高（1 d 以内），另外两种融合方法保真度高[7]。从以上研究来看，融合时间比对主要利用两种方式实现：基于 Vondrak-Cepek 组合滤波和加权融合。Vondrak-Cepek 组合滤波的重点在于设置合理的平滑因子；加权融合则需指定合理的权重分配原则。

Vondrak-Cepek 组合滤波方面，Vondrak 滤波能在拟合函数未知的情况下对观测数据进行滤波，通过修改平滑因子来控制曲线的拟合和平滑情况，滤波性能良好。对于 Vondrak 平滑因子的选择，2015 年赵书红等采用交叉证认法来动态选择 Vondrak 平滑因子，并利用模拟数据证明了该方法的正确性[8]。2017 年，龚航团队提出了利用 Vondrak-Cepek 滤波算法来修正 TWSTFT 周日效应的问题，并通过试验进行了证明[9]。2017 年蔡成林团队研究了基于抗差的改进 Vondrak 滤波算法在削减 BDS 多路径误差中的应用，通过试验证明该算法能够将 BDS 定位结果坐标序列精度提高 30%～40%[10]。2020 年董绍武团队基于 Vondrak-Cepek 滤波算法将北斗共视和卫星双向时间比对两种授时手段进行了融合，对中国科学院国家授时中心（NTSC）和德国物理技术研究院（PTB）间的北斗共视时间比对链路进行了软硬件融合处理，通过试验证明了该方法能够明显改善周日效应并提高短期授时稳定度[6]。

加权融合方面，王永成等提出了基于多属性决策模型与 D-S 证据理论的加权融合方法，并将其应用于目标识别中[11]。吕永乐等提出了序列相对贴近度来进行权值分配的方法，给出了序列趋势关联度和尺度区间熵的概念，并将该方法应用于航空发动机排气温度裕度参数时间序列的融合预测中[12]。2016 年赵皓等提出了采用相空间重构来进行多源数据融合的方法，通过实例数据验证了该方法的有效性[13]。2017 年张明等提出了加权证据融合理论进行多源数据融合的方法，并将该方法应用于往复式压缩机故障诊断中[14]。2018 年卫博雅等提出了一种可视化的加权平均信息融合方法，通过试验证明了该方法具有较好的实际可操作性和合理性[15]。2018 年井立等研究了加权平均法、简单投票法和 D-S 证据理论在不同层次多源数据融合中的应用，并将该方法应用于结构损伤检测中，通过实例进行了对比分析[16]。2020 年宋迎春等研究了加权混合估计中权值的确定方法，给出了权值最优估计方法[17]。

### 5.2.2　融合加权方法

融合授时，基于可选择的授时手段集合，结合时间同步系统对时间同步精度、稳定度、不确定度和鲁棒性等指标需求，根据各授时手段的特点，同时开展多手段授时，并将授时数据经过去除粗差、滤波、转换坐标体系等处理后，采用合适的加权方法进行授时加权，从而获得最终的授时数据，来实现提高授时精度和鲁棒性等目的。授时加权方法的选择决定着授时效果，融合授时主要采用以下几种加权方法[7]。

#### 1. Vondrak-Cepek 组合滤波加权

Vondrak-Cepek 组合滤波是基于最小二乘法对观测值的绝对平滑、绝对逼真及观测值的一阶导数拟合三者之间的折中[4, 6, 7, 9, 18]，若时标 $x_j$ 第 1 路输入观测量和权重分别为 $y_j'$ 和 $p_j$，第 2 路输入观测量一阶导数和权重分别为 $\overline{y}_k'$ 和 $\overline{p}_k$，定义以下三个变量。

变量 1——曲线平滑度：

$$S = \frac{1}{x_N - x_1} \int_{x_1}^{x_N} \varphi'''^2(x)\mathrm{d}x = \sum_{i=1}^{N-3} \left(a_i y_i + b_i y_{i+1} + c_i y_{i+2} + d_i y_{i+3}\right)^2 \quad (5.1)$$

其中，

$$a_i = \frac{6\sqrt{(x_{i+2} - x_{i+1})(x_N - x_1)}}{(x_i - x_{i+1})(x_i - x_{i+2})(x_i - x_{i+3})}$$

$$b_i = \frac{6\sqrt{(x_{i+2} - x_{i+1})(x_N - x_1)}}{(x_{i+1} - x_i)(x_{i+1} - x_{i+2})(x_{i+1} - x_{i+3})}$$

$$c_i = \frac{6\sqrt{(x_{i+2} - x_{i+1})(x_N - x_1)}}{(x_{i+2} - x_i)(x_{i+2} - x_{i+1})(x_{i+2} - x_{i+3})}$$

$$d_i = \frac{6\sqrt{(x_{i+2} - x_{i+1})(x_N - x_1)}}{(x_{i+3} - x_i)(x_{i+3} - x_{i+1})(x_{i+3} - x_{i+2})}$$

$S$ 越小，曲线越平滑，若 $S \to 0$，则平滑曲线趋近于直线。

变量 2——平滑曲线对观测值的逼真度：

$$F = \frac{1}{n}\sum_{i=1}^{n} p_i (y_i' - y_i)^2 \tag{5.2}$$

变量 3——平滑曲线对观测值一阶导数的逼真度：

$$\overline{F} = \frac{1}{n}\sum_{i=1}^{n} \overline{p}_i (\overline{y}_i' - \overline{y}_i)^2 \tag{5.3}$$

**Vondrak-Cepek** 组合滤波方法为了确定平滑值 $y_i$ 在以下三种不同条件下获得折中：

（1）最小化 $S$：曲线需要被平滑。

（2）最小化 $F$：平滑值需要接近函数的观测值。

（3）最小化 $\overline{F}$：平滑值一阶导数需要接近观测值一阶导数值。

将上述条件最小化，可得

$$\min(Q) = S + \varepsilon F + \overline{\varepsilon}\,\overline{F} \tag{5.4}$$

即

$$\frac{\partial Q}{\partial y_i} = 0 \quad (i = 1, 2, \cdots, N) \tag{5.5}$$

式（5.4）中，$\varepsilon$ 和 $\overline{\varepsilon}$ 表示平滑系数，可采用误差测量法、虚拟观测法、频率响应法、交叉证认法[8]、平滑误差法等进行确定，具体求解过程见文献[18]。

### 2. 逆方差加权

授时融合，一般先根据先验数据的情况来获取后续融合授时的融合系数，常采用逆方差加权的方法，通过求取各路授时数据的时间方差，即稳定度来获取加权系数，方差越小，稳定度越高，系数越大，反之同理，具体如式（5.6）所示。

$$
\begin{cases}
k_i = \dfrac{1}{\sigma_i^2(\tau)}, & i = 1, \cdots, n \\[4mm]
\eta_i = \dfrac{k_i}{\displaystyle\sum_{i=1}^{n} k_i}
\end{cases}
\tag{5.6}
$$

其中，$\eta_i$、$\sigma_i^2(\tau)$ 分别表示第 $i$ 路授时数据的融合加权系数和先验数据方差。很明显，$\sum \eta_i = 1$，获得融合加权系数后，可得融合后的授时结果为

$$
C = \sum_{i=1}^{n} \eta_i T_i
\tag{5.7}
$$

在进行融合加权时，需要将融合的各路数据时标对齐后再进行。

# 5.3 授 时 战

时间是信息化组网作战系统各种信息流有效的最基本要素。授时是通过短波、长波、卫星和光纤网络等手段传递和发播标准时间信号的过程，可靠、准确、有效的授时是系统时间同步的基础[19]。信息化组网作战可采取电子战、网络战及心理战等手段来综合实施，有效遂行信息化组网作战需要以参与作战的各要素/各部分工作于统一的时间基准作为前提，即要保持信息化组网作战系统各部分之间高精度时间同步，而精确有效的授时是实现高精度时间同步的基础。一旦信息化组网作战系统中的时间基准混乱，则会带来整个作战系统的紊乱和无序，不在同一时间基准上的信息将是无用信息甚至是干扰信息、有害信息，因此从授时的角度对敌信息化组网作战系统进行攻击是未来信息化组网作战的一种可取作战样式。2017 年 5 月美国《防务一号》刊发文章，提出了"授时战"的概念，将授时战推向了前台，提出要像重视导航定位系统一样重视授时系统[20, 21]。

## 5.3.1 授时战作战样式

授时战，即在复杂电磁环境中，确保己方及友方能够有效、可靠、准确地利用授时信息，破坏敌方授时系统正常运行，阻止敌方使用准确的授时信息，同时不影响战区外和平利用授时信息的作战行动的总称。

授时战由授时进攻和授时防御两部分组成。授时战一般应用于信息化组网作战中，破坏敌方参与组网作战的各要素/分系统之间的时间同步，从而实现从时间同步的维度来破坏敌信息化组网作战装备的目的。信息化组网作战中，参与作战的各要素/分系统的信息化程度比一般组网作战系统更高，对时间的依赖性更强，对时间同步精度更敏感，授时系统的精度直接决定信息化组网作战效能的发挥水

平。若参与信息化组网作战的各节点不能工作于统一的时间基准上，时间系统将瘫痪，信息化组网作战将无从谈起。

授时战是信息化组网作战的重要组成部分，可采用软杀伤和硬杀伤来遂行作战任务，软杀伤以瘫痪敌信息化组网作战系统为目的，而硬杀伤则是以硬件摧毁敌参与作战的武器系统（特别是信息化组网作战系统）为目的，以电子战中的反辐射攻击和其他传统作战方式为作战手段。

### 1. 授时战在信息化组网作战软杀伤中的作战样式

通过授时战的手段破坏敌时间系统来实现信息化组网作战软杀伤，可采取以下方式。

#### 1）干扰钟源

高精度的原子钟钟源是信息化组网作战各分系统之间保持高精度时间同步的基础，一般采用铷钟或者铯钟来作为各分系统钟源，通过校准各钟源钟差来实现整个系统高精度时间的同步。为了实现软杀伤，可通过改变钟源所处电磁环境来干扰原子钟源的震荡，改变其输出频率、抖动和脉冲宽度等参数，使其输出不规整校准脉冲信号，从而使敌参与信息化组网作战的各时间用户无法使用准确校准脉冲信号来实现时间同步，瘫痪其时间系统。

#### 2）阻断/干扰正常授时

敌即使播发了正确的校准脉冲信号，也可通过从传输路径上阻断/干扰该信号的传输，实现阻止敌参与信息化组网作战的各时间用户及时、准确获得该校准脉冲信号的目的。一般针对不同的授时方式采取不同的干扰方式，后文将详述。

#### 3）欺骗授时

为了扰乱敌时间系统，也可采取欺骗授时的方式，主要通过采取篡改时间戳、阻塞网络造成授时延迟等方式来实现欺骗敌时间系统，实现错误授时以扰乱或瘫痪其时间系统。欺骗授时在光纤网络授时中应用广泛。

### 2. 授时战在信息化组网作战硬杀伤中的作战样式

硬杀伤以摧毁敌授时系统为主要目的，包括摧毁敌各分系统钟源、校准脉冲信号的收发设备等，针对授时系统的硬杀伤一般与摧毁其他系统同步展开。

另外，在传统作战领域中，准确高效授时也具有重要意义。例如，单个探测预警节点的作用范围有限，为了实现对目标的远距离、全过程、全维度探测跟踪，必须使各类探测预警节点连接成网构建探测预警网络，各节点根据性能指标和部署情况，接力对目标进行探测跟踪；同时，为了提高对目标的探测跟踪精度，一般采用多个节点对同一批次目标在不同方位进行跟踪，并对目标航迹进行融合，在提升航迹精度的同时提高探测预警网络的鲁棒性，从而提高该网络的抗打击能力，而对探测预警网络准确授时是其正常运行的前提。在火力拦截方面，单个火力节点往往难以有效应对敌大规模集群攻击，将火力拦截节点连接成网构成火力拦截网络是有效应对敌集群攻击的一种有效手段；同时为了提升火力拦截的作用距离，对拦截导弹采用接力制导是有效延伸火力单元作战半径的可取手段，而火力拦截网络准确授时也是火力拦截成网的基础。在指挥控制方面，各层级的指挥控制节点形成指挥控制网络需要工作于统一的时间基准上，才能实现指挥控制指令的准确实时高效传输。探测预警网络、火力拦截网络和指挥控制网络之间信息流交织，各网络之间也必须保持严格的时间同步才能实现对目标特别是集群攻击目标的有效拦截。对各类网络有效授时是确保各系统之间时间同步的前提，可靠准确有效授时是遂行信息化组网作战的基础。

### 5.3.2　授时进攻

要实现高精度时间同步，守时与授时同样重要。守时系统由守时原子钟组、外部时间比对、内部钟差测量、标准时间频率信号生成和综合原子时处理等模块构成，能产生和保持标准时间。授时信息传输至守时系统后，该系统能够对本地原子钟进行校准，从而实现本地原子钟与授时系统时间同步的目的。授时进攻可从授时系统、传输段和守时系统等方面综合开展攻击，以实现破坏/阻碍敌方准确授时的目的。

#### 1. 卫星授时进攻

卫星授时进攻最典型的样式为摧毁卫星或者卫星地面运控中心，使得整个卫星系统无法工作。传输段主要对卫星的工作频段进行干扰，使得卫星授时系统与守时系统之间无法正常进行授时通信。守时系统（用户端）方面，主要采取摧毁各用户端守时系统，或者采用欺骗干扰、压制干扰等手段干扰用户端守时系统正常接收卫星授时信息，或者造成接收的卫星授时信息时延过大而无法正常授时。

#### 2. 光纤网络授时进攻

光纤网络授时进攻一般通过摧毁敌光纤网络来切断网络授时路径或者摧毁其服务器等方式来破坏敌时间系统，是一种硬杀伤的作战范畴。同时，也可通过光纤网络篡改敌授时信息、协议和权限等造成错误授时，或者阻塞网络造成时延过大无法正确授时来瘫痪敌时间系统，属于软杀伤的作战范畴。

#### 3. 微波授时进攻

微波授时进攻可从摧毁校准脉冲的收发信机（即微波发射站和接收站）或者中继站点、干扰/阻塞微波授时信号实现破坏敌正常授时的目的。

### 5.3.3 授时防御

针对授时防御问题，可以从保护授时系统和守时系统等方面着手。守时系统方面，主要防护敌强电磁干扰对钟源的影响，保障己方守时设备（特别是高精度的测量比对设备）的正常运转。授时系统方面，短波和长波授时系统一般采用固定站点进行授时，存在时延偏大、授时精度不高等问题。下面分别从卫星授时防御、光纤网络授时防御、微波授时防御、对流层散射授时防御和融合授时防御等方面分析授时防御方式。

#### 1. 卫星授时防御

卫星授时的优点是精度高，作用距离远，应用广泛，但卫星授时系统由于运行轨道固定，在战时容易被摧毁和干扰，这是卫星授时的突出缺点。卫星授时防御一般采取区分民用频率和军用频率的手段来保护卫星通信频率，并综合采取多种加密措施、授权措施等手段来防止卫星授时信号被干扰/阻塞，或者被敌检测、利用。机动条件下遂行信息化组网作战任务时，卫星授时是一种主要授时手段，其能够快速、准确、高效地对参与信息化组网作战任务的各作战单元进行有效授时，授时范围广，精度高，是授时的骨干手段，也是未来授时战的主战场，需要针对卫星授时防御开展深入研究。

#### 2. 光纤网络授时防御

光纤网络授时的优点是传输距离远、容量大和速率快，缺点是铺设难度大、机动性和战时时效性差（难以在机动后快速建立光纤网络）。光纤网络授时防御，可从防硬杀伤和防软杀伤两方面入手。防硬杀伤方面，为了提高光纤网络的鲁棒性，针对具体站点，可铺设多条光纤链路形成光纤网来提高系统的抗打击能力；防软杀伤方面，可采取多重密钥、分层授权、复杂加密协议等手段来防止敌篡改授时信息。光纤网络授时是平时信息化组网作战的主要授时方式，一般在固定站点开展相关备战工作。信息化组网作战平时战时界限日益模糊化，平时备战如何防范授时密钥被泄露、防止网络授时被攻击、提高网络授时精度仍是一个值得深入研究的课题。

#### 3. 微波授时防御

微波授时的优点是传输容量大、精度高，但主要缺点是单跳只能实现视距传输，为了实现超视距传输，一般采用微波接力的方式，架设高塔进行微波中继通信，但存在建站架设难度较大、对地形通视条件要求较高等问题，使组网布站区域受到限制。微波授时防御，可从保护通信传输频率、优化站点设置等方面来提高微波授时防御能力。

### 4. 对流层散射授时防御

为了实现自主超视距授时，陈西宏团队于 2014 年提出了对流层散射授时的授时方式。该方式是利用对流层散射信道传递时间比对信号来实现各分布式节点间时间同步的授时方法[22, 23]。对流层散射授时具有优越的越障授时能力，抗干扰和抗截获能力强，适用于机动作战条件下快速建立时间同步的情况，但存在多径效应和衰落严重等缺点，一般采用分集接收和自适应均衡等措施予以克服。对流层散射授时是卫星授时的一种备份、补充手段，对机动作战条件下的自主授时能力具有重要意义。

### 5. 融合授时防御

针对战时授时防御需求，单一授时手段存在抗风险能力低的缺点，一旦被敌破坏，会引起信息化组网作战系统时间紊乱，危及整个系统的正常运转。针对此问题，可采取融合授时的方式来解决。融合授时是综合运用卫星授时、网络授时、长/短波授时、微波授时和对流层散射授时等多种授时方式，并根据各授时系统所处战时环境和授时系统自身特性对授时结果进行赋权融合，获得融合授时信息。在授时防御中，融合授时能够在提升授时鲁棒性的同时，提升系统授时精度。

融合授时是一种可取的、有效的授时防御方式，根据不同授时手段的授时应用特点和具体战时环境，灵活、动态地选择不同的授时赋权方式，如熵值法、相对贴近度法、灰色关联方法、基于误差反馈的变权组合法等，来提高融合授时的授时精度，从而提升信息化组网作战系统的整体作战效能。

## 参 考 文 献

[1] 单庆晓, 杨俊. 北斗 GPS 双模授时及其在 CDMA 系统的应用[J]. 测试技术学报, 2011, 25(3): 223-228.

[2] 郭彬, 单庆晓, 肖昌炎, 等. 电网时钟系统的北斗 GPS 双模同步技术研究[J]. 计算机测量与控制, 2011, 19(1): 139-141.

[3] 于帆, 陈伟. GPS/BD 双模融合的高精度时间同步方法研究[J]. 计算机技术与发展, 2017, 27(5): 201-204.

[4] 张虹, 广伟, 袁海波, 等. TWSTFT 与北斗共视数据融合算法研究[C]. 第九届中国卫星导航学术年会, 哈尔滨, 2018.

[5] 王宇, 陈伟, 范晓东. BDS 多模授时技术在电力时间同步装置中的应用[J]. 导航定位学报, 2018, 6(4): 46-50.

[6] 王威雄, 董绍武, 武文俊, 等. 基于 Vondrak-Cepek 滤波的北斗共视和卫星双向时间比对融合研究[C]. 第十一届卫星导航学术年会, 成都, 2020.

[7] 王威雄, 董绍武, 武文俊, 等. 时间比对融合算法分析与比较[J]. 天文学报, 2020, 61(6): 69.

[8] 赵书红, 广伟, 袁海波, 等. Vondrak 平滑因子最佳确定方法及在时间比对数据中的应用[J]. 时间频率学报, 2015, 38(1): 21-29.

[9] LIU Y C, GONG H, LIU Z J, et al. A novel method based on the Vondrak-Cepek algorithm for correction of TWSTFT diurnal[C]. 2017 Progress in Electromagnetics Research Symposium, St. Petersburg, 2017.

[10] 杨国刚, 蔡成林, 唐振辉, 等. 改进 Vondrak 滤波在削减 BDS 多路径误差中的应用[J]. 导航定位学报, 2017, 5(4): 78-85.

[11] 王永成, 王宏飞, 杨成梧. 目标属性信息相关时融合识别的实现方法[J]. 兵工学报, 2005, 26(3): 338-342.

[12] 吕永乐, 郎荣玲, 谈展中. 基于"序列相对贴近度"的组合预测权值分配[J]. 北京航空航天大学学报, 2009, 35(12): 1434-1437.

[13] 赵皓, 高智勇, 高建民, 等. 一种采用相空间重构的多源数据融合方法[J]. 西安交通大学学报, 2016, 50(8): 84-89.

[14] 张明, 江志农. 基于多源信息融合的往复式压缩机故障诊断方法[J]. 机械工程学报, 2017, 53(23): 46-52.

[15] 卫博雅, 寿业航, 蒋雯. 一种可视化的加权平均信息融合方法[J]. 西安交通大学学报, 2018, 52(4): 145-149.

[16] 井立, 杨智春, 张甲奇. 基于信息融合技术的结构损伤检测方法[J]. 振动与冲击, 2018, 37(7): 91-95.

[17] 宋迎春, 宋采薇, 左廷英. 加权混合估计中权值的确定方法[J]. 测绘学报, 2020, 49(1): 34-41.

[18] VONDRAK J, CEPEK A. Combined smoothing method and its use in combining Earth orientation parameters measured by space techniques[J]. Astronomy & Astrophysics Supplement Series, 2000, 147: 347-359.

[19] 刘强, 陈西宏, 张永顺. 授时战在网电空间作战中的应用探析[J]. 信息对抗学术, 2018(6): 41-43.

[20] 葛悦涛, 薛连莉, 李婕敏. 美国空军授时战概念分析[J]. 飞航导弹, 2018(5): 11-14.

[21] TOM H, BLAKE M. Time warfare: Threats to GPS aren't just about navigation and positioning[EB/OL]. [2017-05-10]. http://www.defenseone.com/ideas/2017/05/time-varfare-anti-gps-arent-just-about-navigation-and-positioning/137724/.

[22] 刘强, 孙际哲, 陈西宏, 等. 对流层双向时间比对及其时延误差分析[J]. 测绘学报, 2014, 43(4): 341-347.

[23] 陈西宏, 刘强, 孙际哲, 等. 基于对流层散射信道的双向时间比对方法: ZL201318005828.2[P]. 2016-3-16.

# 第6章 时间预报及时间校准

高精度时间同步技术对分布式组网系统有着深远的影响，决定着该系统的作战性能；同时也对卫星的正常运转意义重大，直接影响卫星的导航、定位和授时精度。一方面，在分布式组网系统中，部分站点可能因为干扰、故障、部分损伤等而无法与其他站点进行时间比对来获得站间钟差，在这种情况下，需要对该站点原子钟时间与系统时间的钟差进行预报，以实现该站点与系统的时间同步；另一方面，在卫星与地面站无法进行时间比对的时段中，为了保持星载钟源与系统钟源的高精度时间同步，需采用钟差预报的方法对二者的钟差进行预报。钟差预报是针对各站点钟源差异而进行的一种时间预报，同时在获取该钟源差异后进行的钟源校准属于时间校准的范畴。准确的钟差预报是后续钟差校准的基础，也是在无法比对条件下站点与系统高精度时间同步的前提，因此需要开展时间预报及时间校准研究。

## 6.1 基于改进差分指数平滑法的中短期钟差预报算法

钟差预报按照预报时长可分为中短期预报和长期预报，中短期预报时长在几个小时以内，而长期预报则可能长达数天。一般而言，中短期预报应用需求更为常见。本节针对卫星钟差预报问题，提出一种基于改进指数平滑法（exponential smoothing，ES）的中短期钟差预报算法，通过算例进行了验证分析，同时将其推广应用于分布式组网系统中，用于该系统中部分站点在无法比对的情况下保持与系统的高精度时间同步[1, 2]。

### 6.1.1 指数平滑法的基础理论

由于部分钟差数据绝对值很大，在进行指数运算时将增加计算复杂度，对原始钟差序列采用差分的方法进行预处理，若原始钟差序列为 $\{z_1, z_2, \cdots, z_N, z_{N+1}\}$，则其差分序列为 $x_i = z_{i+1} - z_i$，$i = 1, \cdots, N$。后续的分析都是基于该差分序列。

1. 一阶指数平滑法

差分钟差序列 $\{x_1, x_2, \cdots, x_N\}$，$S_t'$ 在 $t+1$ 的一阶指数平滑法（single ES，SES）的预报值为

$$S_t' = S_{t-1}' + \alpha(x_t - S_{t-1}') \tag{6.1}$$

其中，$\alpha$ 为平滑因子。

从式（6.1）可知

$$\begin{aligned} S_t' &= (1-\alpha)S_{t-1}' + \alpha x_t \\ &= (1-\alpha)[(1-\alpha)S_{t-2}' + \alpha x_{t-1}] + \alpha x_t \\ &= (1-\alpha)^2 S_{t-2}' + (1-\alpha)\alpha x_{t-1} + \alpha x_t \\ &= \alpha \sum_{j=1}^{t}(1-\alpha)^j x_{t-j} + (1-\alpha)^{t-1}S_1' \end{aligned} \tag{6.2}$$

SES 在 $t+1$ 预报值 $F_{t+1}$ 为

$$F_{t+1} = S_t' = \alpha x_t + (1-\alpha)F_t \tag{6.3}$$

2. 二阶指数平滑法

在 $t+m$ 二阶指数平滑法（double ES，DES）的预报值 $F_{t+m}$ 为

$$F_{t+m} = A_t + B_t m \tag{6.4}$$

其中，

$$\begin{cases} A_t = 2S_t' - S_t'' \\ B_t = \dfrac{\alpha}{1-\alpha}(S_t' - S_t'') \\ S_t'' = \alpha S_t' + (1-\alpha)S_{t-1}'' \end{cases} \tag{6.5}$$

3. 三阶指数平滑法

在 $t+m$ 三阶指数平滑法（triple ES，TES）的预报值 $F_{t+m}$ 为

$$F_{t+m} = L_t + M_t m + \frac{1}{2}P_t m^2 \tag{6.6}$$

其中，

$$
\begin{cases}
L_t = 3S_t' - 3S_t'' + S_t''' \\
M_t = \dfrac{\alpha}{2(1-\alpha)^2}[(6-5\alpha)S_t' - 2(5-4\alpha)S_t'' + (4-3\alpha)S_t'''] \\
P_t = \dfrac{\alpha^2}{(1-\alpha)^2}(S_t' - 2S_t'' + S_t''') \\
S_t''' = \alpha S_t'' + (1-\alpha)S_{t-1}'''
\end{cases}
\tag{6.7}
$$

一般情况下，定义 $S_1''' = S_1'' = S_1' = x_1$。由于 SES 适用于数据变化不明显的序列预报中，结合卫星钟差数据特点，主要分析 DES 和 TES 性能[3]。

### 6.1.2　基于滑动窗+指数平滑法的钟差预报算法

指数平滑预报的缺点是平滑因子 $\alpha$ 固定，基于此提出了基于滑动窗（sliding window，SW）的指数平滑法，将预报序列分成 $k$ 部分，每一部分选择最小预报误差来确定 $\alpha$，预报误差采用式（6.8）计算。基于滑动窗+指数平滑法（ESSW）的钟差预报算法示意图如图 6.1 所示[2]。

$$
\mathrm{RMSE} = \sqrt{\dfrac{\displaystyle\sum_{i=1}^{n}\left[x(i)-\hat{x}(i)\right]^2}{n}}
\tag{6.8}
$$

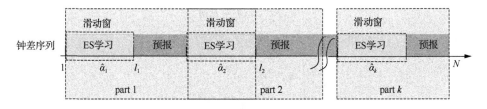

图 6.1　基于滑动窗+指数平滑法的钟差预报算法示意图

因为 $0<\alpha<1$，为了获得每部分的最优 $\alpha_i$，将每部分的 $\alpha$ 均分成 99 份，即初值为 0.01，终值为 0.99。对应每一个 $\alpha_i$，将获得对应的 $\mathrm{RMSE}_i$，通过对比来获得最小 $\mathrm{RMSE}_i$，从而获得最优 $\alpha_i$，以及基于该 $\alpha_i$ 下的预报序列。

由于 ES 算法有误差累积的缺陷，引入滑动窗来减小这种累积效应。例如，在 part2，用 part1 的部分预报序列来更新 part2 学习序列，之后重复 part1 的寻优过程来获得 part2 中的最优 $\alpha_2$，从而获得 part2 的预报序列，不断重复上述步骤获得整个钟差预报序列。该算法的具体步骤如下所示。

步骤 1：数据预处理。对原始钟差序列进行差分处理。

步骤 2：参数初始化。将该算法涉及的参数进行初始化，包括 ES 和 SW 中的，如 $S_1'''$、$S_1''$、$S_1'$、$l_k$ 等。

步骤 3：$\alpha_i$ 寻优。在学习窗中，根据最小 $\mathrm{RMSE}_i$ 选择对应的 $\alpha_i$。

步骤 4：预报。基于最优 $\alpha_i$，采用 ES 预报钟差序列。

步骤 5：滑动更新。以 part1 为例进行说明。当预报时长等于 $l_2$，停止预报，用 part1 的预报序列更新 part2 的学习样本，之后重复 part1 中的寻优过程，后进行预报，以此获得完整的钟差预报序列。

步骤 6：数据后处理。将步骤 5 获得的钟差预报序列进行差分逆运算，获得最终的钟差预报序列。

### 6.1.3　基于滑动窗+灰色模型+指数平滑法的钟差预报算法

为了改善预报精度，在 6.1.2 小节的基础上，引入灰色模型（GM）来预报 ES 的预报误差，算法示意图如图 6.2 所示。图 6.2 中，ESP 表示 ES 预报序列，GEP 表示灰色预报误差序列，FEP 表示融合预报序列。

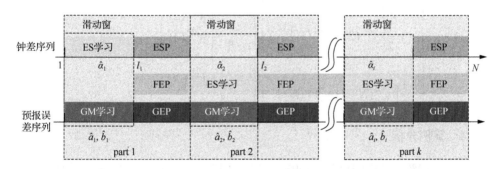

图 6.2　基于滑动窗+灰色模型+指数平滑法的钟差预报算法示意图

以 part1 为例进行说明，算法具体步骤如下所示。

步骤 1～步骤 3：同 ESSW 步骤 1～步骤 3。

步骤 4：ES 预报（ESP）。基于最优 $\alpha_i$，进行 ES 预报后续序列。

步骤 5：灰色学习。在 ES 学习窗口中，基于最优的 $\alpha_i$，可获得 ES 学习后的误差序列，之后采用灰色模型对该误差序列进行深度学习，在灰色学习步骤中，将获得灰色模型的拟合参数，即 $\hat{a}$ 和 $\hat{b}$。

步骤 6：灰色预报（GEP）。在步骤 5 的基础上，采用灰色模型来预报 ES 的预报误差。

步骤 7：预报序列融合（FEP）。将 ESP 与 GEP 相加获得 FEP。

步骤 8 和步骤 9：同 ESSW 中的步骤 5 和步骤 6。

采用灰色模型对 ES 预报误差进行学习预报可表示为

$$\frac{\mathrm{d}y^{(1)}}{\mathrm{d}t} + ay^{(1)} = b \tag{6.9}$$

可得

$$\hat{y}^{(0)}(k+p) = \left[ y^{(0)}(1) - \frac{\hat{b}}{\hat{a}} \right] \mathrm{e}^{-\hat{a}(k+p-1)} \cdot (1 - \mathrm{e}^{\hat{a}}) \tag{6.10}$$

其中，$p \geqslant 1$，为预报时长。通过最小二乘估计获得灰色模型参数

$$\begin{bmatrix} \hat{a} \\ \hat{b} \end{bmatrix} = (A^{\mathrm{T}}A)^{-1}(A^{\mathrm{T}}B) \tag{6.11}$$

其中，$A = \begin{bmatrix} -\frac{1}{2}\left[ y^{(1)}(1) + y^{(1)}(2) \right] & 1 \\ -\frac{1}{2}\left[ y^{(1)}(2) + y^{(1)}(3) \right] & 1 \\ \vdots & \vdots \\ -\frac{1}{2}\left[ y^{(1)}(N-1) + y^{(1)}(N) \right] & 1 \end{bmatrix}$；$B = \begin{bmatrix} y^{(0)}(2) \\ y^{(0)}(3) \\ \vdots \\ y^{(0)}(N) \end{bmatrix}$。

### 6.1.4 算例分析

以第 1980 个和第 1981 个 GPS 周（2017.12.17～2017.12.30）钟差数据为例分析所提算法性能。选择 IGS 最终星历的钟差来检验预报性能，随机选择不同类型的铷钟和铯钟进行分析，如表 6.1 所示。

表 6.1　所选星钟情况（一）

| 星钟类型 | 星钟编号 |
| --- | --- |
| ⅡR Rb | PG13(No. 1)、PG23(No. 2) |
| ⅡR-M Rb | PG5(No. 3)、PG17(No. 4) |
| ⅡF Cs | PG8(No. 5)、PG24(No. 6) |

分短期和中期对钟差预报性能进行分析。

采用一天预报时长来分析短期预报性能，由于预报时长较短，不加滑动窗，同时采用灰色模型进行对比分析。

方案 1：DES vs. TES vs. GM。

　　采用一天的钟差序列来进行学习，之后获得预报序列，统计结果分别如图 6.3 和表 6.2 所示。选择 RMSE 作为评价指标，同时列出了预报误差的最大值和最小值，最后统计分析了方案 1 的均值和均方差。

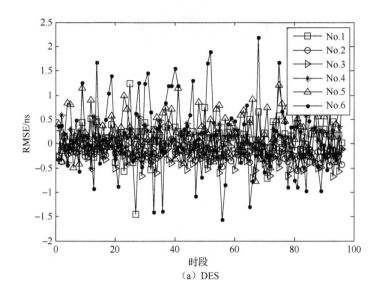

（a）DES

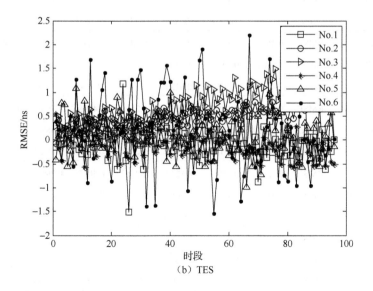

（b）TES

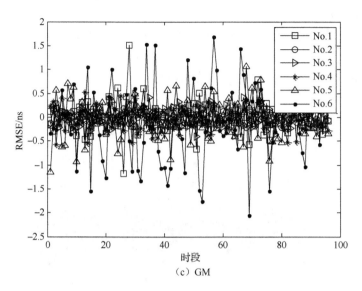

（c）GM

图 6.3　三种预报方法的短期预报性能

表 6.2　预报性能统计表　　　　　　　（单位：ns）

| | | | No.1 | No.2 | No.3 | No.4 | No.5 | No.6 | 均值 | 标准差 |
|---|---|---|---|---|---|---|---|---|---|---|
| 方案 1 | DES | RMSE | 0.3363 | 0.2405 | 0.3225 | 0.2570 | 0.5088 | 0.8182 | 0.4139 | 0.2198 |
| | | Max | 1.2321 | 0.1874 | 0.1672 | 0.5926 | 1.2149 | 2.1844 | | |
| | | Min | −1.4544 | −0.5476 | −0.7088 | −0.5061 | −0.7692 | −1.5594 | | |
| | TES | RMSE | 0.4691 | 0.5258 | 0.8922 | 0.2881 | 0.5435 | 0.8214 | 0.5900 | 0.2267 |
| | | Max | 1.1801 | 0.9491 | 1.7628 | 0.5479 | 1.0825 | 1.9872 | | |
| | | Min | −1.5104 | −0.0705 | 0.0125 | −0.5682 | −0.9944 | −1.7465 | | |
| | GM | RMSE | 0.3298 | 0.1253 | 0.2004 | 0.2509 | 0.4298 | 0.7968 | 0.3555 | 0.2404 |
| | | Max | 1.5075 | 0.2875 | 0.4857 | 0.5229 | 1.0631 | 1.6884 | | |
| | | Min | −1.1804 | −0.3155 | −0.4108 | −0.5805 | −1.1460 | −2.0537 | | |
| 方案 2 | DES+GM | RMSE | 0.3321 | 0.2401 | 0.3214 | 0.2562 | 0.5037 | 0.7996 | 0.4089 | 0.2131 |
| | | Max | 1.2165 | 0.1887 | 0.1696 | 0.5897 | 0.7448 | 2.0719 | | |
| | | Min | −1.4703 | −0.5475 | −0.7061 | −0.5134 | −1.3902 | −1.6737 | | |
| | TES+GM | RMSE | 0.4367 | 0.3113 | 0.7305 | 0.2843 | 0.4335 | 0.8007 | 0.4995 | 0.2164 |
| | | Max | 1.0742 | 0.6572 | 1.5336 | 0.5605 | 0.7266 | 1.9872 | | |
| | | Min | −1.6213 | −0.2455 | −0.1339 | −0.5561 | −1.4685 | −1.7465 | | |

续表

| | | No.1 | No.2 | No.3 | No.4 | No.5 | No.6 | 均值 | 标准差 |
|---|---|---|---|---|---|---|---|---|---|
| DES | RMSE | 0.4001 | 1.0364 | 1.2312 | 0.3363 | 1.5164 | 0.7425 | 0.8772 | 0.4685 |
| | Max | 1.2322 | 0.1874 | 0.1963 | 1.1834 | 1.4221 | 2.1844 | | |
| | Min | −1.4544 | −2.0241 | −2.4174 | −0.0686 | −2.1932 | −2.4237 | | |
| DES+GM+SW | RMSE | 0.2793 | 0.3996 | 0.7033 | 0.2548 | 1.0269 | 0.7376 | 0.5669 | 0.3058 |
| | Max | 1.1912 | 0.5105 | 1.7261 | 0.8462 | 0.7881 | 2.0767 | | |
| | Min | −1.4963 | −1.2359 | −0.9158 | −0.8081 | −2.6918 | −1.6754 | | |
| TES | RMSE | 2.6601 | 7.2823 | 15.7942 | 3.3886 | 1.3800 | 0.7894 | 5.2158 | 5.6630 |
| | Max | 1.1801 | 15.6289 | 34.2391 | 0.0548 | 1.1644 | 2.2027 | | |
| | Min | −6.0656 | −0.0705 | 0.0125 | −7.5281 | −3.5282 | −2.4249 | | |
| TES+GM+SW | RMSE | 0.7098 | 3.0143 | 3.2632 | 1.7600 | 1.1082 | 0.6773 | 1.7555 | 1.4300 |
| | Max | 1.8674 | 4.3660 | 9.8627 | 3.3411 | 0.9642 | 1.5817 | | |
| | Min | −1.8219 | −7.9424 | −0.8799 | −2.4694 | −3.6636 | −2.8538 | | |
| GM | RMSE | 0.2429 | 0.1440 | 0.2624 | 0.2692 | 0.7284 | 0.7310 | 0.3963 | 0.2621 |
| | Max | 1.5075 | 0.4878 | 0.4857 | 0.8203 | 2.2155 | 2.5908 | | |
| | Min | −1.1804 | −0.4490 | −0.9562 | −0.8304 | −1.1460 | −2.0537 | | |

（表格最左侧标注：方案 3）

由图 6.3 和表 6.2 可知，DES 和 TES 短期预报性能总体上在同一精度，DES 略优于 TES，GM 的短期预报性能差于 TES 和 DES，同时也可得出铷钟的短期预报性能优于铯钟。

方案 2：DES vs. DES+GM 以及 TES vs. TES+GM。

在方案 2 中，采用 GM 学习 DES/TES 的预报误差之后将其进行融合预报，预报性能如图 6.4 和表 6.2 所示。

将 DES/TES+GM 与 DES/TES 进行对比，由图 6.3、图 6.4 和表 6.2 可知，GM 误差学习能够一定程度改善短期 DES/TES 的短期预报性能，但效果不是很明显，主要是由于 DES/TES 的短期预报精度已经很高，GM 学习改善效果不明显。

从上述分析可知，可获得优于 0.4ns 的短期预报精度（预报时长为 24h），GM 误差学习能够一定程度改善预报性能。

采用预报时长为一星期来验证分析中期预报性能。

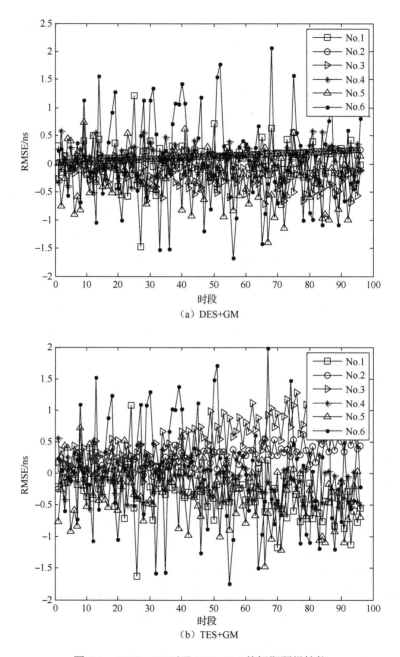

图 6.4　DES+GM 以及 TES+GM 的短期预报性能

方案 3：DES (TES) vs. DES (TES)+GM+SW vs. GM。

在方案 3 中，采用 DES (TES)、DES (TES)+GM+SW 以及 GM 来进行中期钟差预报。选择所选时段中的第一天钟差数据作为 DES/TES/GM 的学习样本，目标预报时长为 7 天。在滑动窗方面，将预报时长均分为两部分，也就是说 part1 的预报时长为 3.5 天，选择 part1 预报序列中的最后一天时长数据作为 part2 的学习样本，之后进行 part2 的预报，预报性能如图 6.5 和表 6.2 所示。

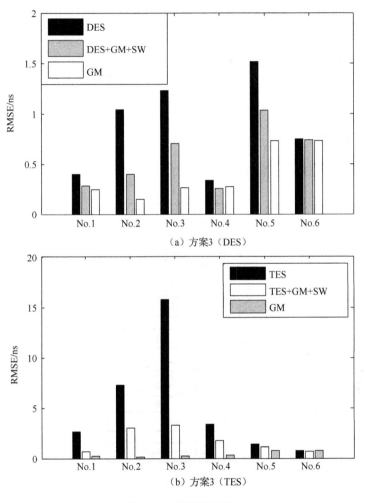

图 6.5　中期预报性能

由图 6.5 和表 6.2 分析结果可知，DES 的中期预报性能总体上优于 TES，滑动窗能够一定程度上减小预报误差，GM 的误差学习能够改善预报性能。与 GM 相比，DES 与 GM 的预报精度基本在同一水平上，而 TES 差于 GM，在 DES 下，铷钟预报性能优于铯钟，而在 TES 下则相反。从表 6.2 可知，和单纯 DES（TES）相比，基于 GM 误差学习的 DES（TES）融合预报算法能够将预报误差减小 35.37%（66.34%）。

## 6.2　预报时长不确定条件下的钟差预报算法

目前有关钟差预报算法的研究，其预报时长通常是预先设定好的，无法应对突发情况下组网系统遭受攻击而导致的预报时长不确定问题，因此有必要针对不定预报时长条件下的钟差预报问题展开研究。单一预报算法在应对不同类型钟差序列时存在固有缺陷，为了提升预报精度，提高预报算法适用性，本节开展不定预报时长条件下的短期组合钟差预报算法研究。

### 6.2.1　算法流程

本节算法流程如图 6.6 所示[4, 5]。

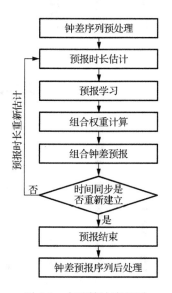

图 6.6　本节算法流程图

算法流程如下所述。

步骤 1：钟差序列预处理。差分钟差序列能够降低计算复杂度，因此在钟差预报前对原始钟差序列进行差分处理。若原始钟差序列为 $\{z_1, z_2, \cdots, z_N, z_{N+1}\}$，则差分钟差序列为 $x_i = z_{i+1} - z_i$，$i = 1, \cdots, N$。

步骤 2：预报时长估计。根据经验，将短期钟差预报时长分为 24h 和 48h 两个范围，并采用式（6.12）定义钟差数据质量因子（quality factor，Qf）来估计预报时长。钟差数据 Qf 越小，表明钟差数据变化越平缓，数据质量越高，其对应的预报时长可能越短，估计预报时长为 24h；相反，钟差数据 Qf 越大，表明钟差数据变化越剧烈，数据质量越低，其对应的预报时长可能越长，估计预报时长为 48h。计算 Qf 的数据采用学习钟差序列。

$$\mathrm{Qf}_j = \sqrt{\dfrac{\sum\limits_{i=1}^{n}\left[x(i+1)-x(i)\right]^2}{n}} \tag{6.12}$$

步骤 3：预报学习。单独预报算法针对预报参数的获取开展对应的预报学习。本节选择灰色模型（GM，模型 1）、二次多项式模型（QPM，模型 2）和指数平滑模型（ESM，模型 3，包括二次指数平滑法 DES 和三次指数平滑法 TES）开展组合钟差预报。

步骤 4：组合权重计算。采用均方根误差（RMSE）来评价预报效果，基于 RMSE 来进行组合钟差预报权值的划分，如式（6.13）～式（6.15）所示。

$$R_\eta = \mathrm{RMSE}_\eta = \sqrt{\dfrac{\sum\limits_{i=1}^{n}\left[x(i)-\hat{x}(i)\right]^2}{n}} \tag{6.13}$$

$$\omega_\eta = 1 - \dfrac{R_\eta}{\sum\limits_{\eta=1}^{3} R_\eta} \tag{6.14}$$

$$\delta_\eta = \dfrac{\omega_\eta}{\sum\limits_{\eta=1}^{3} \omega_\eta} \tag{6.15}$$

式（6.13）～式（6.15）中，$\eta(\eta=1,2,3)$ 表示模型 $\eta$ 的在组合预报中的权重值。

步骤 5：组合钟差预报。基于步骤 1～步骤 4，开展组合钟差预报，$P = \sum\limits_{\eta=1}^{3} \delta_\eta P_\eta$，$P_\eta$ 为第 $\eta$ 种预报算法的预报序列。在预报过程中，随时进行时间同步是否重新建立的判断：若时间同步在预报过程中已经建立，则停止预报；若预报进行到估计的预报时长，时间同步仍未建立，则重新估计预报时长，继续进行步骤 1～步骤 4，直至时间同步系统重新建立。

步骤 6：预报结束和钟差预报序列后处理。钟差预报结束后，采用差分逆运算的方法获得最终的钟差预报序列。

### 6.2.2 基础预报方法

多项式模型为

$$x_i = a_0 + a_1(t_i - t_0) + a_2(t_i - t_0)^2 \cdots + a_n(t_i - t_0)^n + e_i \tag{6.16}$$

其中，$e_i$ 为预报误差。若 $a_0, a_1, \cdots, a_n$ 的估计值为 $\hat{a}_0, \hat{a}_1, \cdots, \hat{a}_n$，通过最小二乘估计，可得

$$\hat{a} = \begin{bmatrix} \hat{a}_0 & \hat{a}_1 & \cdots & \hat{a}_n \end{bmatrix}^{\mathrm{T}} = (A^{\mathrm{T}}A)^{-1}A^{\mathrm{T}}M \tag{6.17}$$

其中，$A = \begin{bmatrix} 1 & t_1 - t_0 & \cdots & (t_1 - t_0)^n \\ 1 & t_2 - t_0 & \cdots & (t_2 - t_0)^n \\ \vdots & \vdots & & \vdots \\ 1 & t_n - t_0 & \cdots & (t_n - t_0)^n \end{bmatrix}$；$M = \begin{bmatrix} x_1 \\ x_2 \\ \vdots \\ x_m \end{bmatrix}$。可得

$$\hat{a} = \begin{bmatrix} m & \sum\limits_{i=1}^{m}\Delta t_i & \cdots & \sum\limits_{i=1}^{m}\Delta t_i^n \\ \sum\limits_{i=1}^{m}\Delta t_i & \sum\limits_{i=1}^{m}\Delta t_i^2 & \cdots & \sum\limits_{i=1}^{m}\Delta t_i^{n+1} \\ \vdots & \vdots & & \vdots \\ \sum\limits_{i=1}^{m}\Delta t_i^n & \sum\limits_{i=1}^{m}\Delta t_i^{n+1} & \cdots & \sum\limits_{i=1}^{m}\Delta t_i^{2n} \end{bmatrix} \begin{bmatrix} \sum\limits_{i=1}^{m}x_i \\ \sum\limits_{i=1}^{m}x_i\Delta t_i \\ \vdots \\ \sum\limits_{i=1}^{m}x_i\Delta t_i^n \end{bmatrix} \tag{6.18}$$

将 $\hat{a}$ 代入式（6.16），并令 $n=2$，则可得二次多项式模型预报序列。

灰色模型、指数平滑法相关理论参考 6.1.3 小节。

### 6.2.3 算例分析

以第 2029 个至第 2030 个 GPS 周（2018.11.25～2018.12.8）钟差数据为例分析本节算法性能。选择 IGS 最终星历的钟差来检验预报性能，随机选择不同类型的铷钟和铯钟进行分析，如表 6.3 所示。

表 6.3　所选星钟情况（二）

| 编号 | No.1 | No.2 | No.3 | No.4 | No.5 |
|------|------|------|------|------|------|
| 星钟 | PG16 | PG23 | PG5 | PG15 | PG8 |
| 编号 | No.6 | No.7 | No.8 | No.9 | No.10 |
| 星钟 | PG24 | PR5 | PR7 | PE2 | PE19 |

选择第 2029 个 GPS 周数据作为算法学习序列，第 2030 个 GPS 周数据作为校验数据，不短于预报时长的学习序列进行预报算法的学习。选择第 2029 个 GPS 周训练数据计算钟差数据质量 Qf，如表 6.4 所示。

表 6.4　所选星钟 Qf 值

| 编号 | No.1 | No.2 | No.3 | No.4 | No.5 |
|---|---|---|---|---|---|
| Qf | 2.040 | 0.852 | 0.210 | 1.091 | 1.940 |
| 编号 | No.6 | No.7 | No.8 | No.9 | No.10 |
| Qf | 1.467 | 0.706 | 0.778 | 1.299 | 0.172 |

Qf 值越大，表示钟差序列质量越差，一定程度上表示预报时长越长。因此，当 Qf < 1 时，估计预报时长为 24h；当 1 ≤ Qf < 3 时，估计预报时长为 48h。

方案 1：24h 时长预报。基于 Qf，选择 No.2、No.3、No.7、No.8 和 No.10 星钟来进行研究，并将预报时长估计为 24h，同时将方案 1 分为两部分。

方案 1-1：时间同步建立时长短于预报时长。

基于上述计算和分析，估计预报时长为 24h。若第 18h 时，时间同步重新建立了，则立刻停止钟差预报，计算此时的钟差预报序列，获得预报性能如图 6.7 和表 6.5 所示，其中 DC 表示 DES、QPM 和 GM 的组合预报模型，TC 表示 TES、QPM 和 GM 的组合预报模型。

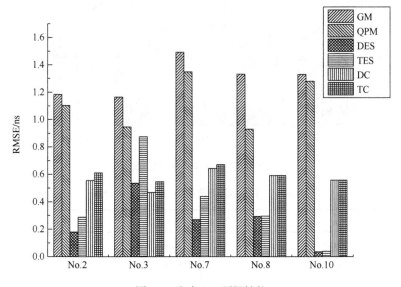

图 6.7　方案 1-1 预报性能

表 6.5　方案 1-1 所选星钟预报性能统计表　　　　（单位：ns）

| 星钟 | DC | TC | 星钟 | DC | TC |
|---|---|---|---|---|---|
| No.2 | 0.5554 | 0.6118 | No.8 | 0.5920 | 0.5925 |
| No.3 | 0.4690 | 0.5461 | No.10 | 0.5580 | 0.5588 |
| No.7 | 0.6422 | 0.6710 | | | |

由图 6.7 和表 6.5 可知，方案 1-1 的预报精度为 DC 下 0.56ns 和 TC 下 0.59ns。

方案 1-2：时间同步建立时长长于预报时长。

当预报进行至估计的预报时长 24h 时，时间同步仍未重新建立，则重新对预报时长进行估计，将估计预报时长延长至 48h，同时，为了更好地对钟差数据样本进行学习，将用于学习的钟差数据时长也延长至 48h。假如当预报进行至 32h 时，时间同步已经重新建立，则停止预报，计算预报性能如图 6.8 和表 6.6 所示。

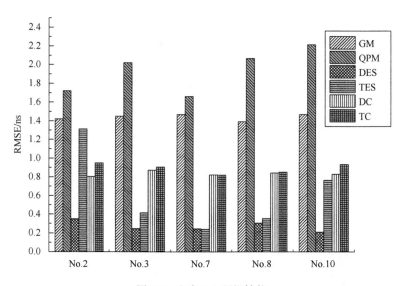

图 6.8　方案 1-2 预报性能

表 6.6　方案 1-2 所选星钟预报性能统计表　　　　（单位：ns）

| 星钟 | DC | TC | 星钟 | DC | TC |
|---|---|---|---|---|---|
| No.2 | 0.8025 | 0.9483 | No.8 | 0.8417 | 0.8512 |
| No.3 | 0.8721 | 0.9053 | No.10 | 0.8293 | 0.9322 |
| No.7 | 0.8226 | 0.8214 | | | |

由图 6.8 和表 6.6 可知，方案 1-2 的预报精度为 DC 下 0.83ns 和 TC 下 0.89ns。

与方案 1-1 相比，预报精度下降了约 0.3ns，各星钟钟源的预报精度变化较小，表明组合模型算法具有较好的预报鲁棒性。

方案 2：48h 时长预报。基于 Qf，选择 No.1、No.4、No.5、No.6 和 No.9 星钟来进行研究，并将预报时长估计为 48h，同时将方案 2 分为两部分。

方案 2-1：时间同步建立时长短于预报时长。

基于前述算法步骤，估计预报时长为 48h，且假设 40h 时，时间同步重新建立，则停止预报，并计算此时的预报性能，如图 6.9 和表 6.7 所示。

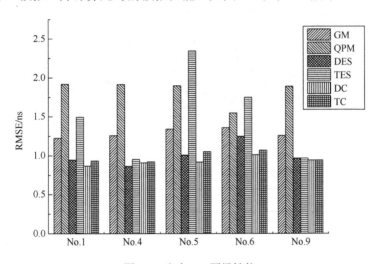

图 6.9　方案 2-1 预报性能

**表 6.7　方案 2-1 所选星钟预报性能统计表**　　　　　　　（单位：ns）

| 星钟 | DC | TC | 星钟 | DC | TC |
| --- | --- | --- | --- | --- | --- |
| No.1 | 0.8691 | 0.9340 | No.6 | 1.0120 | 1.0689 |
| No.4 | 0.9095 | 0.9222 | No.9 | 0.9422 | 0.9423 |
| No.5 | 0.9191 | 1.0519 | | | |

由图 6.9 和表 6.7 可知，方案 2-2 的预报精度为 DC 下 0.93ns 和 TC 下 0.98ns。

方案 2-2：时间同步建立时长长于预报时长。

在该方案中，假设时间同步在预报至 48h 时尚未建立，将估计预报时长延长至 72h，同时将学习段钟差数据长度延长至 48h，继续进行钟差预报。假设 60h 时，时间同步重新建立，此时停止预报，计算此时的预报精度，如图 6.10 和表 6.8 所示。

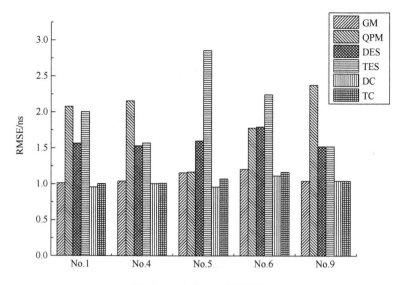

图 6.10    方案 2-2 预报性能

**表 6.8    方案 2-2 所选星钟预报性能统计表**    （单位：ns）

| 星钟 | DC | TC | 星钟 | DC | TC |
|---|---|---|---|---|---|
| No.1 | 0.9569 | 1.0045 | No.6 | 1.1158 | 1.1658 |
| No.4 | 1.0066 | 1.0114 | No.9 | 1.0441 | 1.0441 |
| No.5 | 0.9582 | 1.0723 | | | |

由图 6.10 和表 6.8 可知，方案 2-2 的预报精度为 DC 下 1.01ns 和 TC 下 1.06ns。对比方案 2-1 与方案 2-2 可知，本节提出的组合钟差预报算法当预报时长为 2 天左右时，精度相差 0.08ns 左右，具有较高的鲁棒性，为后续的钟差校准提供了较好的基础。

## 6.3    组合钟差预报算法

高精度的钟差预报是时间同步领域的一个难题，目前已有多项式模型、灰色预报模型、神经网络模型及自回归移动平均（autoregressive moving average，ARMA）模型等，这些模型各有优缺点。原子钟运行复杂，对环境因素较敏感，容易受到五种噪声的影响，用单一模型难以刻画。因此，可以综合不同模型的优点来提高整体预报精度和稳定度，这就是组合钟差预报模型的基本思想[6]。

### 6.3.1　组合模型分类

组合预报模型依据预报目标特性和各个模型特点,不同的分类角度有不同的分类方法,目前主要有以下几种分类方法。

#### 1. 线性组合预报与非线性组合预报

依据组合预报与各单项预报方法的函数关系,可分为线性组合预报与非线性组合预报。

设存在 $n$ 种单项预报方法,第 $i$ 个单项预报方法的预报值为 $f_i$,组合预报值为 $f$,各单项预报方法的加权系数为 $k_1, k_2, \cdots, k_n$。

当 $f = k_1 f_1 + k_2 f_2 + \cdots + k_n f_n$ 时,为线性组合预报模型。

当 $f = \phi(f_1, f_2, \cdots, f_n)$ 时,为非线性组合预报模型,其中 $\phi$ 为非线性函数。非线性组合方式不固定,缺少固定的组合公式,国内外对其研究不如线性组合预报模型普遍。

#### 2. 最优组合预报与非最优组合预报

依据权系数计算方法的不同,可分为最优组合预报与非最优组合预报。

依据某种准则建立目标函数,在一定约束条件下求目标函数的极值,进而求得组合预报权系数的方法为最优组合预报。非最优组合预报以比较简便的原则求解权系数,一般根据单项预报模型的误差方差和其权系数成反比的原则确定权系数。最优组合预报的精度高于非最优组合预报的精度。

#### 3. 定权组合预报和变权组合预报

依据组合预报的权系数是否随时间变化,可分为定权组合预报和变权组合预报。

通过最优化方法或其他方法计算出各单项预报模型的权系数,并通过这个固定的权系数进行加权求和的方法为定权组合预报。因为在工程实践中,单项预报方法经常对同一预报对象的不同时间点上的预报精度不一致,所以又衍生出权系数随时间变化的变权组合预报。

变权组合预报是预测领域的一个重要方向,其中权系数的取值是变权组合的重点,常用的定权方法主要有简单线性加权、均方误差倒数加权、最优化方法、熵权、序列相对贴近度法[7]等。本节采用序列相对贴近度法进行预测。

### 6.3.2 基于序列相对贴近度的变权组合模型

设 $x_i(i=1,2,\cdots,n)$ 为数据样本的预测值，$y_i(i=1,2,\cdots,n)$ 为实测值。定义趋势关联度为

$$\xi_{xy} = \frac{\sum_{t=1}^{n-1}[(x_{t+1}-x_t)(y_{t-1}-y_t)]}{\sqrt{\sum_{t=1}^{n-1}(x_{t+1}-x_t)^2} \cdot \sqrt{\sum_{t=1}^{n-1}(s_{t+1}-s_t)^2}} \tag{6.19}$$

令预测误差为 $\varepsilon_t = x_t - y_t, t=1,2,\cdots,n$，误差序列 $\{\varepsilon_1,\varepsilon_2,\cdots,\varepsilon_n\}$ 的一维概率密度函数为 $f(\varepsilon), \varepsilon\in(-\infty,+\infty)$，定义在区间 $[a,b]$ 上 $\Delta$ 尺度区间熵为

$$\beta_\varepsilon(a,b,\Delta) = -\sum_{i=1}^{N} p_i \ln p_i \tag{6.20}$$

其中，$p_i = \dfrac{\int_{a+(i+1)\Delta}^{\min(b,a+i\Delta)} f(\varepsilon)\mathrm{d}\varepsilon}{\int_a^b f(\varepsilon)\mathrm{d}\varepsilon}$；$N = \mathrm{Int}\left[\dfrac{b-a}{\Delta}\right]+1$，$\mathrm{Int}$ 为取整数；$\sum_{i=1}^{N} p_i = 1$。

定义数据样本预测值序列 $\{x_1,x_2,\cdots,x_n\}$ 与实测值序列 $\{y_1,y_2,\cdots,y_n\}$ 的相对贴近度为

$$\gamma_{xy} = \frac{\mathrm{e}^{\alpha_{xy}-1}}{\dfrac{\beta_\varepsilon(m_\varepsilon-3\sigma_\varepsilon,m_\varepsilon+3\sigma_\varepsilon,\sigma_\varepsilon)}{1.4426} \cdot \sigma_\varepsilon^2 + m_\varepsilon^2}{\sigma_y^2} \tag{6.21}$$

其中，$m_\varepsilon$ 和 $\sigma_\varepsilon^2$ 分别表示预测误差序列的均值和方差；$\beta_\varepsilon(m_\varepsilon-3\sigma_\varepsilon,m_\varepsilon+3\sigma_\varepsilon,\sigma_\varepsilon)$ 是 $\varepsilon_t$ 在区间 $[m_\varepsilon-3\sigma_\varepsilon,m_\varepsilon+3\sigma_\varepsilon,\sigma_\varepsilon]$ 上的 $\Delta=\sigma_\varepsilon$ 尺度区间熵；常数 1.4426 是假定 $\varepsilon_t$ 服从正态分布时 $\beta_\varepsilon(m_\varepsilon-3\sigma_\varepsilon,m_\varepsilon+3\sigma_\varepsilon,\sigma_\varepsilon)$ 的取值；$\beta_\varepsilon(m_\varepsilon-3\sigma_\varepsilon,m_\varepsilon+3\sigma_\varepsilon,\sigma_\varepsilon)/1.4426$ 表示对正态分布的归一化，可看作 $\sigma_\varepsilon^2$ 的奖惩因子；$\sigma_y^2$ 是 $\{y_1,y_2,\cdots,y_n\}$ 的方差。

权值分配为

$$\lambda_i = \frac{f(\gamma_{x_iy})}{\sum_{i=1}^{K} f(\gamma_{x_iy})} \tag{6.22}$$

根据需要，函数 $f$ 选用 $f(x)=x$。

神经网络模型非线性性能良好，ARMA 模型具有很好的线性处理能力，因此将神经网络模型与 ARMA 模型进行变权组合。

首先对钟差数据进行相关性分析，由图 6.11 所示的自相关函数和偏自相关函数可知序列的平稳性。

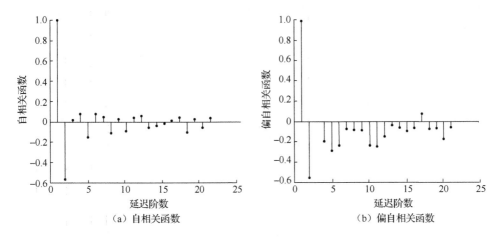

　（a）自相关函数　　　　　　　　　　　　　　　（b）偏自相关函数

图 6.11　钟差数据 1 次差分后自相关函数和偏自相关函数

考虑到钟差预报长期的误差性较大，如图 6.12 所示，预报时间大于 24h 时，误差大于 6ns，48h 时，误差达到 18ns，且随着时间增长，预报误差增加得越快，因此，只进行短期钟差预报，预报时长为 6h。

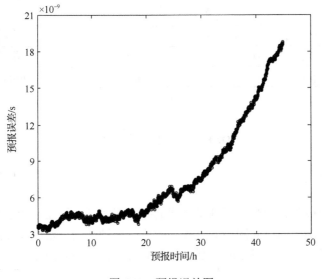

图 6.12　预报误差图

由于组合模型与单一模型误差相差较多，图 6.13 中只表示出组合模型，单一模型的误差见表 6.9。分析并比较结果可知，神经网络模型预报和 ARMA 模型预报精度各有优劣，神经网络模型预报稳定度比 ARMA 模型差，但神经网络具有良好的非线性逼近能力，能够弥补 ARMA 模型非线性处理能力的不足。变权组合模型能够结合二者的优点，实时调节权系数，寻找最优组合策略，预报精度和稳定度比一种方法好。

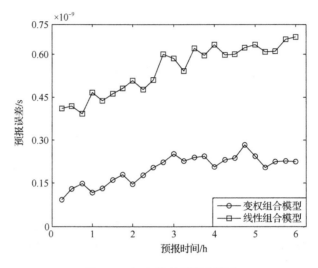

图 6.13　组合模型预报误差图

表 6.9　误差性能比较 （单位：ns）

| 变权组合模型 | | 线性组合模型 | | ARMA 模型 | | 神经网络模型 | |
|---|---|---|---|---|---|---|---|
| ME | RMSE | ME | RMSE | ME | RMSE | ME | RMSE |
| 0.238 | 0.245 | 0.533 | 0.542 | 0.8366 | 0.8556 | 0.926 | 0.891 |

# 6.4　时　间　校　准

## 6.4.1　驯钟方法

驯钟是使被驯钟源与目标钟源之间的时间偏差（即钟差）减小从而实现被驯钟源和目标钟源之间时间同步的过程，一般目标钟源的稳定度和频漂等性能优于被驯钟源。驯钟过程实则为锁频/锁相过程，钟源被驯后其短期输出特性与目标钟源大致相同。

驯钟是研究钟源性能、校准钟差和实现多基地雷达系统高精度时间同步的基础，同时驯钟也是实现输出与目标钟源精度相当频标的一种有效方法，各副站设置一般精度的原子钟，主站则设置较高精度和较低频漂以及老化率等综合指标较优的原子钟，将副站钟源驯服到主站钟源上，实现副站钟源与主站钟源的时间同步，从而节省系统时间同步成本。

本节采用的是 PRS10 型铷钟，是一款老化率低、短期稳定性能优越和相噪低 [<130dBc/Hz（10Hz）] 的 10MHz 铷钟钟源，能满足各种通信、同步和测量仪表的要求。10MHz 输出信号的相噪低，能够作为频综参考钟源。优越的短期稳定性和较低的环境系数使其成为网络同步中的理想参考，较低的老化率使其广泛应用于频率测量中。PRS10 型铷钟能够以 1ns 的分辨率跟踪外部 1PPS 信号，从而锁定外部参考源，这是实现驯钟的基础，也可通过 RS-232 口实现对铷钟的控制和检测，以校准钟源参数。

驯钟试验在实验室采用直连驯钟和经过信道传输衰减后驯钟两种方法，设置两个 PRS10 型铷钟，在实验室模拟两个站点。主要仪器包括示波器、时间间隔计数器（TIC）和频谱仪等，并编写了 "TIC 读储软件"，计算机通过 GPIB 端口与 TIC 连接，实时读取并存储 TIC 计数值，每 2s 记录并存储一次，同时，计算机通过 RS-232 口与铷钟 B 进行实时通信，检测和调整铷钟运行参数。初同步阶段，先通过示波器监测两台铷钟的输出情况，当铷钟性能较稳定后，采用 TIC 对钟差进行测量。

### 1.　直连驯钟

直连驯钟是最简单的驯钟方式，以铷钟 A 作为参考输入钟源，将铷钟 A 的 1PPS 信号调制成中频信号后，直接输出接入 B 站中频输入端并完成解调，并将解调输出的 1PPS 输入至铷钟 B 的 1PPS 输入端，铷钟 B 的处理器通过细微调整磁场能级来控制铷原子跃迁频率，并持续跟踪外部输入的 1PPS 和输出的 1PPS，使自身输出的 1PPS 与铷钟 A 相匹配，即锁定铷钟 A 的 1PPS，从而实现铷钟 B 输出频率与铷钟 A 近乎完全一致的目的。直连驯钟原理框图如图 6.14 所示。

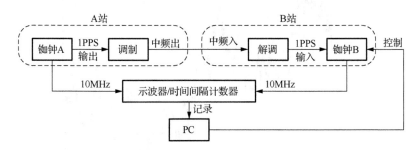

图 6.14　直连驯钟原理框图

图 6.14 中，PC 主要用来记录 TIC 值，并根据该值来实时调整和校准钟 B 参数，以实现钟 B 与钟 A 的时间同步。

## 2. 经信道传输衰减后驯钟

试验依托课题组现有的某型散射通信设备开展，经信道衰减器传输衰减后的驯钟是在实验室模拟实际通信环境下的实时比对传输而进行的前期驯钟试验，其原理如图 6.15 所示。

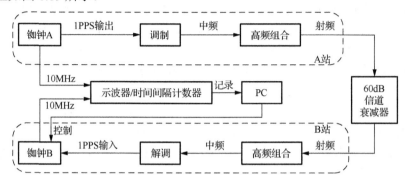

图 6.15　经信道衰减器传输衰减后的驯钟原理框图

铷钟 A 的 1PPS 输出信号经过调制成中频信号后，被高频组合混频成射频信号，在实验室通过衰减器将该信号衰减后送往 B 站，在 B 站经过高频组合混频成中频信号后经过解调恢复成 1PPS 信号，通过示波器初步检测观察同步情况，通过 TIC 对实际钟差进行实时测量，通过 TIC 读储软件实时读取并存储 TIC 计数值。

根据图 6.14 和图 6.15 所示原理分别进行驯钟试验，实测钟差分布分别如图 6.16 和图 6.17 所示，对应的均值、Allan 均方差（$\sigma_{\text{Allan}}$）和 Hadamard 均方差（$\sigma_{\text{Hadamard}}$）分别见表 6.10。

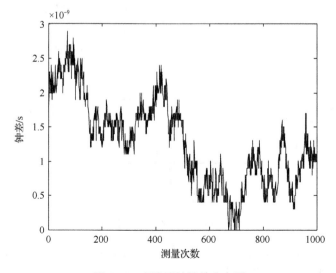

图 6.16　直连驯钟钟差分布图

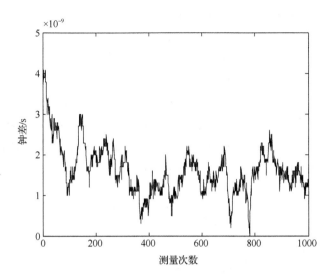

图 6.17　经信道传输衰减后驯钟钟差分布图

表 6.10　驯钟钟差对比表

| 驯钟类型 | 均值/ns | $\sigma_{\text{Allan}}$ / ns | $\sigma_{\text{Hadamard}}$ / ns |
|---|---|---|---|
| 直连 | 1.2804 | 0.1212 | 0.1192 |
| 信道衰减 | 1.6151 | 0.1244 | 0.1221 |

由图 6.16 和图 6.17 可知，随着测量次数的增加，钟差总体上呈先减小后增大的趋势，且存在波动，主要是测量初期，铷钟内部振荡器未完全稳定，导致钟差整体较大。存在波动现象的主要原因是锁定过程是一个逐步稳定的过程，类似于钟摆的逐步稳定，导致钟差出现波动。随着驯钟时间的增长，钟源性能趋于稳定，钟差曲线逐渐收敛，可通过电脑监测钟源参数并根据钟差分布情况调整校准钟差，提高时间同步精度。

由表 6.10 可知，两种驯钟方法的驯钟误差都在 0.1ns 左右，实现了驯钟目的。由于衰减器和调制混频等过程中的噪声，经过信道衰减后驯钟效果差于直连驯钟效果。

### 6.4.2　基于 BBPLL 的站间时钟校准设计

在准确校准本地钟源的基础上，需要保持本地钟源与目标钟源的时间同步，这就需要对本地钟源输出频率进行锁定。锁相环（phase locked loop，PLL）在频率源校准、驯钟和时钟数据恢复中应用广泛。

棒棒锁相环（bang bang PLL，BBPLL）是 PLL 的一种，在时钟驯服过程中优势明显，同时在时钟数据的恢复、信号抖动的降低和锁相时间的减小等方面性能优越，且易于实现，能够以较快的速度处理，适用于高速时钟的数据恢复。主要缺点是 BBPLL 存在相位/频率校正带来的系统固有抖动。减小环路增益能够成比例地降低抖动，但会带来捕获带的减小。本节针对这一问题设计一种低抖动宽捕获带 BBPLL，分析一种动态调整数控振荡器（digitally controlled oscillator，DCO）增益的方法，以实现 BBPLL 的抖动和捕获带对 DCO 增益的折中选择[8-12]。

二阶数字 BBPLL 结构示意图如图 6.18 所示[13, 14]。

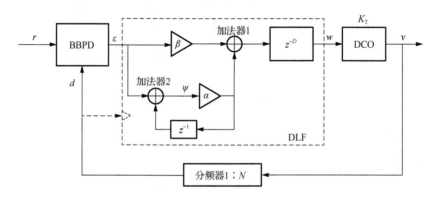

图 6.18　二阶数字 BBPLL 结构示意图

由图 6.18 可知，二阶数字 BBPLL 主要包括 BBPD、数字环路滤波器（digital loop filter，DLF）、数控振荡器（DCO）和分频器等部分，根据图中的标注关系，可得 DLF 模块中各节点间的关系，如式（6.23）所示。

$$\begin{cases} \varepsilon_k = \mathrm{sgn}(\mathrm{tr}_k - \mathrm{td}_k) \\ \psi_k = \alpha\psi_{k-1} + \varepsilon_k \\ w_k = \beta\varepsilon_{k-D} + \alpha\psi_{k-D} \end{cases} \qquad (6.23)$$

其中，$\varepsilon_k$、$\mathrm{tr}_k$、$\mathrm{td}_k$ 和 $w_k$ 分别表示 $k$ 时刻 BBPD 鉴相输出、参考时钟、反馈时钟和 DLF 输出；$\mathrm{sgn}(\cdot)$ 为符号函数；$D$ 为延迟单元；$\alpha$ 和 $\beta$ 分别表示积分常数和滤波增益。

根据 DCO、Divider 和 BBPD 间的关系，可得

$$\begin{cases} \mathrm{tv}_k = \mathrm{tv}_0 + K_{\mathrm{T}}w_k \\ \mathrm{tr}_{k+1} = \mathrm{tr}_k + \mathrm{Tr}_k \\ \mathrm{td}_{k+1} = \mathrm{td}_k + N\mathrm{tv}_k \end{cases} \qquad (6.24)$$

其中，$K_T$ 为 DCO 增益；假设 DCO 为输出周期为 tv 的线性模块，$tv_0$ 为 DCO 自由振荡周期；$Tr_k$ 表示第 $k$ 个周期的参考时钟；$N$ 为分频系数。

在 DLF 模块中，将式（6.23）转换成 z 域形式并消去中间变量 $\psi$ 可得

$$F(z)=\frac{w(z)}{\varepsilon(z)}=\left[\beta+\frac{\alpha}{1-\alpha z^{-1}}\right]z^{-D} \tag{6.25}$$

将式（6.25）转换成频域可得

$$F(\varpi)=\left[\beta+\frac{\alpha}{1-\alpha\mathrm{e}^{-\mathrm{j}\varpi T_r}}\right]\mathrm{e}^{-\mathrm{j}\varpi T_r D} \tag{6.26}$$

捕获带是衡量锁相环性能的重要参数之一，根据二阶 BBPLL 各部分关系，使用准线性近似的方法，捕获带 $\Delta\varpi_p$ 可表示为[15]

$$\Delta\varpi_p=\sqrt{2\frac{K_T}{N}\mathrm{Re}\left[F\left(\mathrm{j}\frac{\Delta\varpi_p}{2}\right)\right]F(\mathrm{j}0)} \tag{6.27}$$

PLL 抖动可表示为[16]

$$\sigma_{\Delta t}\approx\sqrt{\frac{\pi}{8}\frac{\sigma_{tv_0}^2}{\beta K_T}+\frac{1+D}{\sqrt{3}}N\beta K_T} \tag{6.28}$$

为求得宽 $\Delta\varpi_p$ 和低 $\sigma_{\Delta t}$ 对应的最佳 $K_T$ 值，定义指标函数 fun 如式（6.29）所示。

$$\mathrm{fun}=\frac{\Delta\varpi_p}{\sigma_{\Delta t}} \tag{6.29}$$

由式（6.29）可知，$\Delta\varpi_p$ 和 $\sigma_{\Delta t}$ 均与 $K_T$ 有关，fun 数值越大，则对应的系统性能越优越。以 $N=1$、$\sigma_{tv_0}=1\mathrm{ps}$、$\alpha=0.5$、$\beta=16$、$f_{\mathrm{ref}}=1\mathrm{Hz}$、$D=0,1,2$ 和 $K_T\in[10^{-15},10^{-12}]$ 为例，进行最佳参数选取分析。函数 fun 性能指标变化趋势如图 6.19 所示。

由图 6.19 可知，当 $K_T\in[10^{-15},10^{-12}]$、$D=0,1,2$ 时，性能指标函数 fun 均存在极值。对函数 fun 求导并令导数等于零，求得当 $K_T$ 分别取 $1.13\times10^{-13}$、$8.12\times10^{-14}$ 和 $6.54\times10^{-14}$ 时，对应 fun 的极大值，此时环路性能较优越。

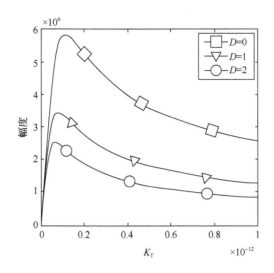

图 6.19　函数 fun 性能指标变化趋势图

### 6.4.3　基于 PI 锁相环的站内频率源校准设计

为满足系统对不同频率信号的需求，当系统站间的高精度主钟实现时间同步之后，各站利用本站已同步的主钟校准站内其他二级频率源，以产生不同频的时钟信号。站内时钟校准二级频率源系统如图 6.20 所示。

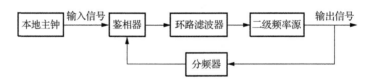

图 6.20　站内时钟校准二级频率源系统图

由图 6.20 可知，校准环路由鉴相器、环路滤波器、分频器、本地主钟及二级频率源等组成。考虑到此校准系统受到的噪声远小于站间时钟校准系统，因此，二级频率源采用结构简单的晶体振荡器。滤波器的选取和其内部参数的设置在一定程度上影响着校准系统的性能。下面以应用较广的有源比例积分（proportional-integral，PI）滤波器为例[17, 18]，进行最优参数选取研究，其电路结构如图 6.21 所示。

根据各元器件的特性，PI 滤波器的传输函数如式（6.30）所示。

$$F(S) = \frac{R_2}{R_1} + \frac{1}{R_1 CS} \tag{6.30}$$

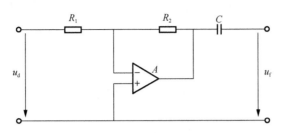

图 6.21    PI 滤波器的电路结构图

结合振荡器、分频器等器件的特性将系统转换到 $S$ 域中，如图 6.22 所示。

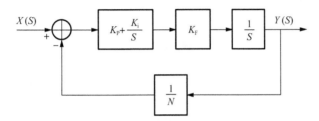

图 6.22    系统在 $S$ 域中表现形式

由图 6.22 可知，$K_i = 1/R_1C$，$K_P = R_2/R_1$；$K_F$ 表示环路总增益；$X(S)$、$Y(S)$ 分别表示输入、输出相位。根据各部分传递函数以及节点之间的关系可得

$$\left[ X(S) - \frac{Y(S)}{N} \right]\left( K_P + \frac{K_i}{S} \right) K_F \frac{1}{S} = Y(S) \tag{6.31}$$

由式（6.31）可得

$$G(S) = \frac{Y(S)}{X(S)} = N \times \frac{\dfrac{K_P}{N}S + \dfrac{K_i K_F}{N}}{S^2 + \dfrac{K_P}{N}S + \dfrac{K_i K_F}{N}} \tag{6.32}$$

将式（6.32）与典型二阶系统进行比较，得到自然频率 $\omega_n$ 和阻尼系数 $\xi$，如式（6.33）所示。

$$\begin{cases} \omega_n = \sqrt{\dfrac{K_i K_F}{N}} \\ \xi = \dfrac{K_P}{2\sqrt{NK_i K_P}} \end{cases} \tag{6.33}$$

由反馈环路的特性可知，$\omega_n$ 决定系统达到稳定时所需时间，$\xi$ 决定系统最终响应形式[20]。在工程实践中，当 $0.1 < \xi < 0.9$ 时的超调量和响应时间表示如式（6.34）所示[20]。

$$\begin{cases} \sigma = e^{\frac{-\pi\xi}{\sqrt{1-\xi^2}}} \times 100\% \\ t_s = \dfrac{6N}{K_P} \end{cases} \tag{6.34}$$

在工程应用中，可根据系统对环路的要求，结合式（6.34），选择 $K_i$、$K_P$ 和 $K_F$ 数值，以设计最佳环路。

## 参 考 文 献

[1] 刘强, 陈西宏, 薛伦生. 基于改进指数平滑法的钟差预报方法: ZL201810978594.1 [P]. 2018-8-27.

[2] LIU Q, CHEN X H, ZHANG Y S, et al. A novel short-medium term satellite clock error prediction algorithm based on modified exponential smoothing method[J]. Mathematical Problems in Engineering, 2018: 1-7.

[3] BROWN R G, MEYER R F. The fundamental theorem of exponential smoothing[J]. Operations Research, 1961, 9(5): 673-685.

[4] LIU Q, CHEN X H, GU Q, et al. Research on combination clock error prediction under uncertain predicted length[J]. MAPAN, 2020, 35(3): 377-386.

[5] 刘强, 陈西宏, 任卫华, 等. 预报时长不确定条件下的短期组合钟差预报方法, ZL201910411383.4[P]. 2019-5-17.

[6] 王继刚, 胡永辉, 何在民, 等. 基于修正线性组合模型的原子钟钟差预报[J]. 天文学报, 2011, 52(1): 54-61.

[7] 吕永乐, 郎荣玲, 谈展中. 基于"序列相对贴近度"的组合预测权值分配[J]. 北京航空航天大学学报, 2009, 35(12): 1434-1437.

[8] DALT N D. A design-oriented study of the nonlinear dynamics of digital bang-bang PLLs[J]. IEEE Transactions on Circuits and Systems-I: Regular Papers, 2005, 52(1): 21-31.

[9] MAFFEZZON P, MARUCCI G, LEVANTINO S, et al. Comparing techniques for spur reduction in digital bang-bang PLLs[J]. Electronics Letters, 2013, 49(8): 529-530.

[10] 向为, 徐博, 牟卫华, 等. 基于锁相环的 GNSS 授时接收机钟差校准算法[J]. 国防科技大学学报, 2013, 35(2): 115-119.

[11] CHEN X H, LIU Q, HU D H. A design of Bang-Bang PLL in low jitter and wide pull-in range[J]. TELKOMNIKA Indonesian Journal of Electrical Engineering, 2014, 12(12): 8212-8216.

[12] 陈西宏, 刘强, 孙际哲, 等. 一种低抖动宽捕获带棒棒锁相环: ZL201818001589. 2[P]. 2018-1-19.

[13] DALT N D. Linearized analysis of a digital bang-bang pll and its validity limits applied to jitter transfer and jitter generation[J]. IEEE Transactions on Circuits and Systems-I: Regular Papers, 2008, 55(11): 3663-3675.

[14] SADEGHI V S, MIAR-NAIMI H. A new fast locking charge pump PLL: Analysis and design[J]. Analog Integrated Circuits and Signal Processing, 2013, 743: 569-575.

[15] 郑继禹, 张厥盛, 万心平, 等. 锁相技术[M]. 2 版. 西安: 西安电子科技大学出版社, 2012.

[16] ZANUSO M, TASCA D, LEVANTINO S, et al. Noise analysis and minimization in bang-bang digital PLLs[J]. IEEE Transactions on Circuits and Systems-III: Express Briefs, 2009, 56(11): 865-839.

[17] 李猛. 基于卫星授时的晶振驯服技术研究与实现[D]. 石家庄: 河北科技大学, 2014.

[18] 田桂珍, 王生铁, 刘广忱, 等. 风力发电系统中电网同步改进型锁相环设计[J]. 高电压技术, 2014, 40(5): 1546-1552.

[19] KUANG L X, CHI B Y, CHEN L, et al. A fully-differential phase-locked loop frequency synthesizer for 60-GHz wireless communication[J]. Journal of Semiconductors, 2014, 35(12): 1-6.

[20] KORNEYEV V A, EPICTETOV L A, SIDOROV V V. Time & frequency coordination using unsteady, variable-precision measurements on meteor burst synchronization and communication equipment[C]. 2003 IEEE International Frequency Control Symposium and PDA Exhibition Jointly with the 17th European Frequency and Time Forum, Tampa, Florida, 2003, 285-289.